思维导图学习法

记忆力提升手册

陈 玢 编著

吉林科学技术出版社

图书在版编目（CIP）数据

记忆力提升手册 / 陈玢编著 . -- 长春：吉林科学
技术出版社，2024.4
　　（思维导图学习法 / 李思言主编）
　　ISBN 978-7-5744-1069-5

　　Ⅰ . ①记… Ⅱ . ①陈… Ⅲ . ①记忆术－手册 Ⅳ .
① B842.3-62

中国国家版本馆 CIP 数据核字（2024）第 054619 号

JIYILI TISHENG SHOUCE

记忆力提升手册

编　　著　陈　玢
出 版 人　宛　霞
责任编辑　郑宏宇
封面设计　冬　凡
幅面尺寸　165 mm×235 mm
开　　本　16
印　　张　10
字　　数　98 千字
印　　数　1-10 000 册
版　　次　2024 年 4 月第 1 版
印　　次　2024 年 4 月第 1 次印刷

出　　版　吉林科学技术出版社
发　　行　吉林科学技术出版社
地　　址　吉林省长春市福祉大路 5788 号出版大厦 A 座
邮　　编　130118
发行部电话 / 传真　0431-81629529　81629530　81629531
　　　　　　　　　　81629532　81629533　81629534
储运部电话　0431-86059116
编辑部电话　0431-81629516
印　　刷　德富泰（唐山）印务有限公司

书　　号　ISBN 978-7-5744-1069-5
定　　价　36.00 元

前　言

我们知道，每一种进入大脑的资料，无论是感觉、记忆或是想法——包括文字、数字、代码、食物、香气、线条、颜色、意象、节奏、音符等，都可以成为一个思考中心，并由此中心向外发散出成千上万的关节点，每一个关节点代表与中心主题的一个联结，而每一个联结又可以成为另一个中心主题，再向外发散出成千上万的关节点，而这些关节点的联结可以视为您的记忆，也就是您的个人数据库。人类从一出生就开始累积这些庞大且复杂的数据库，在使用思维导图后，大脑的资料存储就变得简单明晰，更具效率，也更加轻松有趣。

众所周知，人与人之间在能力上并没有多大的差别。之所以在学习、工作中分出伯仲，原因就在于思维方式和思考模式的不同。思维导图是彩色的，图文并重，这有助于开发人的智力；思维导图是发散性的，这有助于培养一个人的全面性思维与逻辑性；思维导图是无局限的，可以应用于生活的各个方面；思维导图充满想象，记录联想的过程，从而也激发更多创意。对于世界上的每一个人来说，思维导图的出现，都带来了一场深刻而广泛的思维革命。思维导图可以帮助人们更直接地接近和实现个人目标，更轻松地学习和记忆各类知识，更有效地支配生活，更高效地完成工作，更完美地规划自我。

本书融科学性、实用性、系统性、可读性于一体，用简明易懂的讲解和实用易学的思维导图，帮助广大学子挖掘思维潜能和记忆潜能，短时间内快速提升专注力，推动思维升级，快速解决学习中遇到的各类疑难问题，使学习更加轻松、更富成效，成绩节节攀升。

知识就像大海，不懂方法的人跳下去，不是很快放弃，就是花了很大力气却徒劳无功；而懂得方法的人则对这一切应对自如。通过本书，你将学会简单、快速、有效的学习方法，成为脑力更好的人。

目 录

第三章　将记忆效果发挥到极致

第四章　画出来的高清记忆

第五章　对症下药，各科记忆法

第一章

学霸都在用的记忆神器

第一节
右脑的记忆力是左脑的 100 万倍

关于记忆，也许有不少人误以为"死记硬背"同"记忆"是同一个道理，其实它们有着本质的区别。死记硬背是不求甚解而单纯使用记忆力去一味死板地背诵书本，实际只使用了大脑的左半部，而记忆才是动员右脑积极参与的合理方法。在提高记忆力方面，最好的一种方法是扩展大脑的记忆容量，即扩展大脑存储信息的空间。

有关研究也表明，在大脑容纳信息量和记忆能力方面，右脑是左脑的 100 万倍。

首先，右脑的主要功能是负责空间、图像、记忆，它拥有卓越的形象能力和灵敏的听觉，人脑的大部分记忆，也是以模糊的图像存入右脑中的。

其次，按照大脑的分工，左脑追求记忆和理解，而右脑只要把知识信息大量地、机械地装到脑子里就可以了。右脑具有左脑所没有的快速大量记忆机能和快速自动处理机能，后一种机能使右脑能够快速地处理所获得的信息。

人脑接收信息的方式一般有两种，即语言和图画。经过比较发现，用图画来记忆信息的效果远远超过语言。如果记忆同一事物时，能在语言的基础上加上图画这种手段，信息容量就会比只用语言时要增加很多，而且右脑本来就具有绘画认识能力、图形认知能力和形象思维能力。

如果将记忆内容描绘成图形或者绘画，而不是单纯的语言，就能最大限度动员右脑的功能，发挥出高于左脑100万倍的能量。

另外，创造"心灵的图像"对于记忆很重要。

那么，如何才能操作这方面的记忆功能，并运用到日常生活中呢？

▶记忆力测验

用1分钟观察图中的物体，并努力记住它们。现在合上书，尽可能多地写下你能回忆起的物体名称。这个练习可以测验你的短时记忆能力。然后分别在1小时之后、1天之后和1周之后检查有多少物体储存在你的长时间记忆中。

3

现在开始描述图像法中一些特殊的规则，来帮助你获得记忆的存盘。

图像要尽量清晰和具体

右脑所拥有的创造图像的能力，可以让我们"想象"出图像以加强记忆的存盘，而图像记忆正是运用了右脑的这一功能。所以，图像联想的第一个规则就是要创造具体而清晰的图像。

具体、清晰的图像是什么意思呢？比方我们来想象一个少年，你的"少年图像"是一个模糊的人形，还是有血有肉、呼之欲出的真人呢？如果这个少年图像没有清楚的轮廓，没有足够的细节，那就像将金库密码写在沙滩上，海浪一来就不见踪影了。

下面，让我们来做几个"心灵的图像"的创作练习。

创造"苹果图像"。在创作之前，你先想想苹果的品种，然后想到苹果是红色、绿色或者黄色，再想一下这颗苹果的味道是偏甜还是偏酸。

创造"百合花图像"。我们不要只满足于想象出一幅百合花的平面图片，而要练习去想象立体的百合花，是白色还是粉色，是含苞待放还是娇艳盛开。

创造"羊肉图像"。看到这个词你想到了什么样的羊肉呢？是烤全羊，是羊肉片，还是放在盘子里半生不熟的羊排？

创作"出租车图像"。你想象一下出租车是崭新的德国奔驰，是老旧的捷达，还是一阵黑烟（出租车已经开走了）？车牌号是什么呢？出租车上有人吗？乘客是学生还是白领？

这些注重细节的图像都能强化记忆库的存盘，大家可以在平时多做这样的练习来加强对记忆的管理。

要学会抽象概念借用法

我们需要发挥联想的功能，并且借用适当的图像来达成目的。光可以是阳光、月光，也可以是由手电筒、日光灯、灯塔等射出的；美味的饮料可以是现榨的新鲜果蔬汁，也可以是香醇可口的卡布奇诺，还可以是酸酸甜甜的优酪乳；法律可以借用警察、法官、监狱、法槌等来表现。

时常做做"白日梦"

当我们的身体和精神在放松的时候，更有利于右脑对图像的创造，因为只有身心放松时，右脑才有能量创造特殊的图像。当我们无聊或空闲的时候，不妨多做做"白日梦"，我们在全身放松的状态下所做的"白日梦"，都是有图像的，那是我们用想象创造的很清晰的图像。

通过感官强化图像

即我们熟知的五种重要的感官——视觉、听觉、触觉、嗅觉、味觉。

另外，夸张或幽默也是我们加强记忆的好方法。如果我们想到猫，可以想到名贵的波斯猫，想到它玩耍的样子。如果再给这只可爱的猫咪加点儿夸张或幽默的色彩呢？比如，可以把猫想象成日本卡通片中的机器猫，或者把猫想象成黑猫警长，猫会跟人讲话，猫会跳舞等。这些夸张或者幽默的元素都会让记忆变得生动逼真！

总之，图像具有非常强的记忆协助功能，右脑的图像思维能力是惊人的，调动右脑思维的积极性是科学思维的关键所在。

思维导图

当然，目前发挥右脑记忆功能的最好工具便是思维导图，因为它集图像、绘画、语言文字等众多功能于一身，具有不可替代的优势。

被称作天才的爱因斯坦也感慨地说："当我思考问题时，不是用语言进行思考，而是用活动的跳跃的形象进行思考。当这种思考完成之后，我要花很大力气把它们转化成语言。"国际著名右脑开发专家七田真教授曾说过："左脑记忆是一种'劣质记忆'，不管记住什么很快就忘记了，右脑记忆则让人惊叹，它有'过目不忘'的本事。左脑与右脑的记忆力简直就是1：1000000，可惜的是一般人只会用左脑记忆！"

我们也可以这样认为，很多所谓的天才，往往更善于锻炼自己的左、右脑，而不是单独锻炼左脑或者右脑。每个人都应有意识地开发右脑形象思维和创新思维能力，提高记忆力。

第二节
记忆力好坏直接决定成绩高低

记忆力直接影响我们的学习能力，没有记忆，学习就无法进行。记忆方法和其中的技巧，是学生提高学习效率、提升学习成绩的关键因素，没有记忆提供的知识储备，没有掌握记忆的科学方法，学习不可能有高效率。现在学生的学习任务繁重，各种考试应接不暇，如果记不住知识，学习成绩可想而知，一考试头脑就一片空白，只能以失败告终。

如果我们把学习当作一场漫长的征途，那么记忆就像是交通工具，交通工具的速度直接关系到学习成绩的好坏，即它将直接决定学习效率的高低。

美国心理学家梅耶认为，学习者在外界刺激的作用下，首先产生注意，通过注意来选择与当前的学习任务有关的信息，忽视其他无关刺激，同时激活长时记忆中的相关的原有知识。新输入的信息进入短时记忆后，学习者找出新信息中所包含的各种内在联系，并与激活的原有的信息相联系。最后，被理解了的新知识进入长时记忆中储存起来。

简言之，新信息被学习者注意后，进入短时记忆，同时激活的长时记忆中的相关信息也进入短时记忆。具体地说，记忆在学习中的作用主要有以下三点。

新知识的学习依赖记忆

我们说，在学习新知识前，应该先复习旧知识，就是因为只有新旧知识相联系，才能更有效地记住新知识。忘记了有关的旧知识，却想学好新知识，那就如同想在空中建楼一样可笑。如果学习高中物理时，初中物理中的知识全都忘记了，那么高中物理就很难学习下去。

记忆是思考的前提

面对问题，引起思考，力求加以解决，可是一旦离开了记忆，思考就无法进行，问题也自然解决不了。假如在做"求证全等三角形"的习题时，却把全等三角形的判定公式或定理给忘了，那就无法进行解题的思考。人们常说，概念是思维的细胞，有时思考不下去的原因是思考时把需要使用的概念和原理遗忘了。经过查找或请教又重新回忆起来之后，中断的思考过程就可以继续下去了。

记忆力影响学习效率

记忆力强的人，大脑中都会有一个知识的贮存库。在新的学习活动中，当需要某些知识时，则可以随时取用，从而保证了新知识的学习和思考的迅速进行，节省了大量查找、复习、重新理解的时间，使学习的效率大大提高。

一个善于学习的人在阅读或写作时，很少翻查字典，做习题时，也很少翻书查找原理、定律、公式等，因为这些知识已牢牢地贮存在他的大脑中了，而且可以随时取用。不少人解题速度快的秘密在于，他们把常用的运算结果、常用的化学方程式的系数等已熟记在头脑中，因此，在解题时就不必在这些简单的运算上费时间了，从而可以把时间更多地用在思考问题上。由于记得牢固而准确，所以也就大大减少了临时运算造成的差错。

许多学习成绩差的人就是由于记忆缺乏。有科学研究表明，学习成绩差一些的人在记忆时会遇到两种问题：第一，与学习成绩优良的学生相比，学习成绩差的人在完成记忆任务上有困难。第二，学习成绩差的人的记忆问题可能是由于不能恰当地使用记忆策略。

尽管记忆是每个人都具有的一种学习能力，但科学有效的记忆方法并不是每一个学习者可以掌握的。一些学习者会根据课程的学习目的和要求，选择重点、难点，然后根据记忆对象的实际情况运用一些记忆方法进行科学记忆，并在自己的学习活动中总结出适合自己学习特点的方法，巩固学习效果，达到学有所成、学有所用的目的。

第三节
学霸的秘密记忆神器

　　思维导图，最早就是一种记忆技巧。人脑对图像的加工记忆能力大约是文字的 1000 倍。如何能更有效地把信息放进你的大脑，或是把信息从你的大脑中取出来？一幅思维导图是最简单的方法——这就是作为一种思维工具的思维导图所要做的工作。

　　在拓展大脑潜力方面，记忆术同样离不开想象和联想，并以想象和联想为基础，产生新的可记忆图像。

　　我们平时所谈到的创造性思维也是以想象和联想为基础。两者比较起来，记忆术是将两个事物联系起来从而重新创造出第三个图像，最终只是达到简单地记住某个东西的目的。

　　思维导图记忆术有一个特别有用的应用是寻找"丢失"的记忆，比如你突然想不起来一个人的名字，忘记了把某个东西放到哪儿去了，等等。在这种情况下，对于这个"丢失"的记忆，我们可以采用思维的联想力量。这时，我们可以让思维导图的中心空着，如果这个"丢失"的中心是一个人的名字的话，围绕在它周围的一些主要分支可能就是性别、年龄、爱好、特长、外貌、声音、学校或职业，以及与对方见面的时间和地点等。

　　通过细致的罗列，我们会极大地提高大脑从记忆仓库里辨认出这个中心的可能性，从而轻易地确认这个对象。

　　据此，编者画了一幅简单的思维导图。

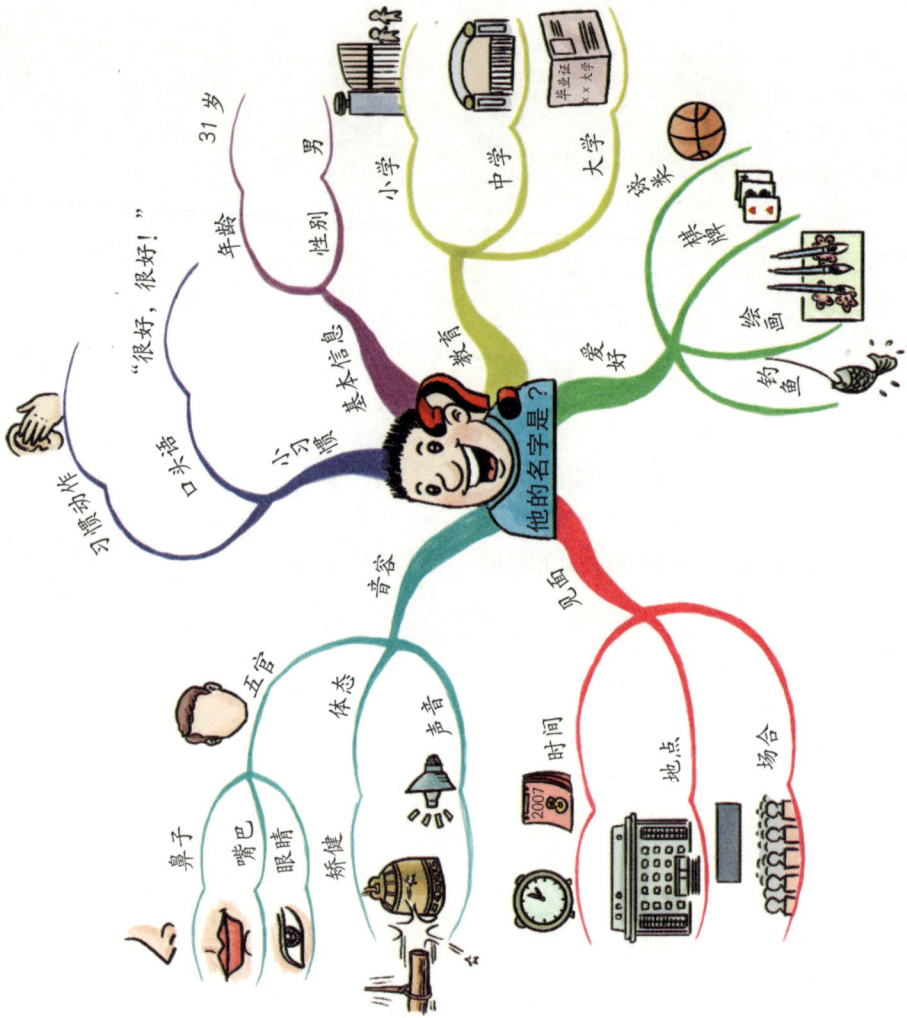

基本信息
- 年龄　31 岁
- 性别　男
- 习惯
  - "很好，很好！"
  - 口头语
  - 习惯动作

教育
- 小学
- 中学
- 大学

爱好
- 篮球
- 摄影
- 绘画
- 钓鱼

他的名字是？

音容
- 五官
  - 鼻子
  - 嘴巴
  - 眼睛
- 体态
  - 矫健
- 声音

见面
- 时间　2007
- 地点
- 场合

第四节
图解的类型

　　图解思维提出至今，经过不断完善和发展，衍生出了很多不同的类型。根据需要，在面临不同问题的时候适合使用不同类型的图解。这里我们介绍几种常用的图解类型。

思维导图

　　思维导图是东尼·博赞发明的图解方法，适用于帮助我们对某一问题的各方面进行理解和记忆。这种图解法就是从一张纸的中心开始，绘制要解决的中心问题，然后从中心引出一些主要枝杈，再从主要枝杈引发一些细节问题。比如你可以用这种办法把一本书的内容囊括到一张纸上，把一周的家务安排或一生的职业规划展现在一张纸上。

逻辑型图解

　　逻辑型图解有助于统揽全局，全面地、彻底地解决问题。任何问题都不止有一种解决办法，当你面对一个问题的时候，要问问自己都有哪些办法可以达到同一个目的。比如我们考虑增加利润的方法的时候，就会想到增加销售量和降低成本两条思路，是不是还有其他的选择呢？在绘制图解的时候，我们有必要在这两者之外，加上第三条分支：其他收益。

　　站在思考对象的角度寻找解决问题的方法时，我们要问自己："应该怎样做？"相反，站在解决问题的方法的角度，我们要问自己："为什么要这样做？"这样就系统地把思考对象和关键词之间的关系建立起来了，不至于迷失方向，还可以避免出现重复和遗漏现象。

　　逻辑型图解有两种基本形式，一种是逻辑树，一种是金字塔。逻辑树是从左到右推导解决问题的办法；金字塔是指将事实向上积累，推导出结论的结构图。此外，还可以运用算式来定义关键词之间的关系。

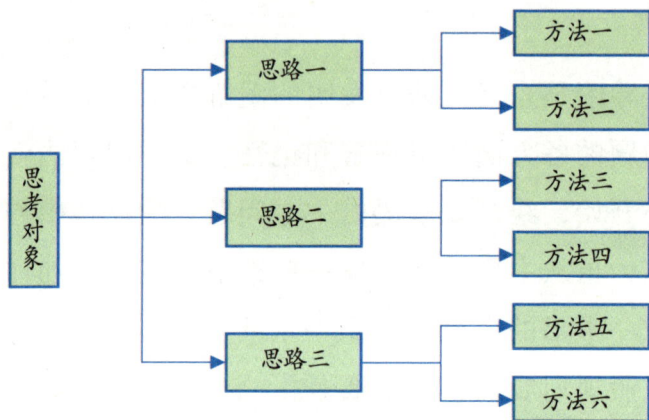

```
                                    ┌──────────→ 方法一
                    ┌── 思路一 ──────┤
                    │                └──────────→ 方法二
  ┌──────┐          │                ┌──────────→ 方法三
  │ 思考 │          │                │
  │ 对象 │──────────┼── 思路二 ──────┤
  │      │          │                └──────────→ 方法四
  └──────┘          │                ┌──────────→ 方法五
                    └── 思路三 ──────┤
                                     └──────────→ 方法六
```

■ 逻辑树结构图

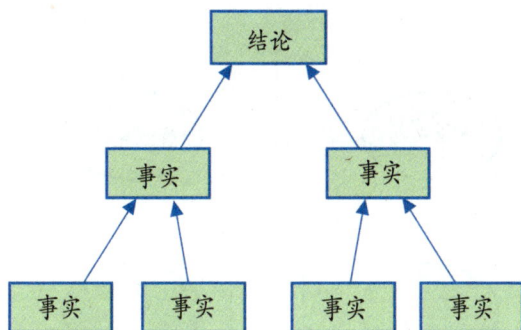

■金字塔结构图

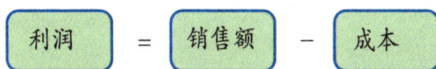

■用算式定义关系

　　当你把解决问题的方法以逻辑树的方式陈列出来之后，还要对各种方法的优先顺序进行排列，把最有效的方法放在第一位。

矩阵型图解

1. 参数型矩阵

　　数学上有用变量和坐标轴描绘的图表，参数型矩阵就是借助变量与数轴的一种图解模式。横轴和纵轴分别代表一定的参数，并把平面分为 4 个空间，在 4 个空间中填充相关要素来展现某种状态或发展趋势。

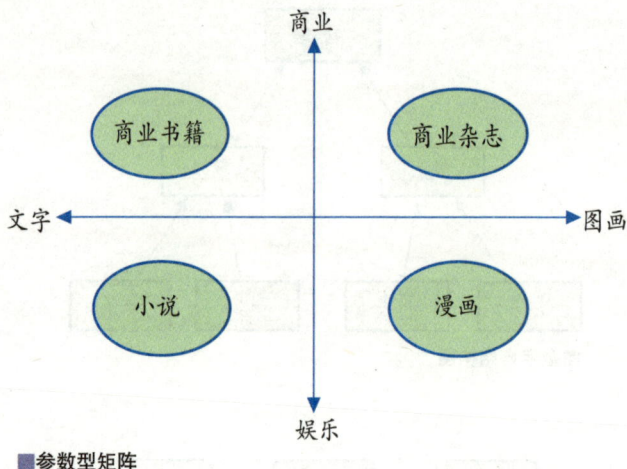

■ 参数型矩阵

2. 箱型矩阵

　　箱型矩阵在横轴和纵轴上有一定的参数，它的特点是按照参数的大小和高低对 4 个空间进行分类。下边的图解是在市场营销中常见的产品组合管理矩阵，横坐标为市场占有率，纵坐标为市场成长率，按照箭头所指的方向，参数由低变高。右上方的业务，市场占有率高，市场成长率也高，有发展前景，是最有竞争力的业务，因此称为"明星业务"。右下方，市场占有率高，市场成长率低，继续保持高市场占有率就能取得高利润，可以称为"现金业务"。左上方，市场成长率高，市场占有率低，还处在发展阶段，经过调整很有希望提高市场占有率，所以称为"问题业务"或"问题少年"。左下角，市场占有率低，市场成长率低，夺回市场的可能性很小，应该考虑退出市场了，那部分业务称为"瘦狗业务"。

市场成长率

问题业务

明星业务

市场占有率

瘦狗业务

现金业务

■箱型矩阵

3. 情报型矩阵

这是适用于整理信息的典型的图解类型，简单地说，也就是分项列举的表格。具体画法是，先画出四方形的外框，然后在最上行和最左列填上相关的项目名称，在其余的表格中填写文字信息。比如课程表就是一个很好的例子。

4. 检查型矩阵

检查型矩阵同样是以常见的表格为表现形式，但是用符号代替文字信息，适用于做标记的图解。比如用 Y（N）或者√（×）代表对（错），用●代表已有的或已做的，用○代表未有的或者未做的。

过程型图解

1.过程图

过程图适用于展现公司的运作过程，几乎所有工作都需要经过好几道工序才能完成，过程图就是把作业过程的宏观构架展现出来。通过绘制过程图，我们可以检查工作程序中的不足之处并进行改进。比如在产品行销过程中，市场调查这个环节非常重要，但是往往引不起足够的重视。运用过程图可以清楚地显示各个环节的作用。

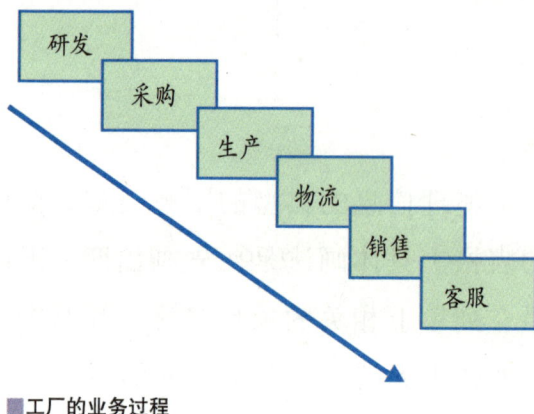

■工厂的业务过程

这是一个很简单的业务过程图。其中的每一个环节还可以继续展开，显示出细节化的业务过程。

2.流程图

过程图表现的是过程的整体概要，流程图则侧重于细节的分析，适用于复杂的作业过程。流程图能够体现出多个部门之间的联系，因而也适用于横跨多个部门的业务。

图表型图解

　　Excel 软件的应用使数据整理变得非常方便，按照一定的顺序排列的数据可以帮助我们轻松地看出事物的发展趋势，从而快速掌握整体概要，方便我们做出相应的对策。下面的图表是对某产品销售额进行的升序排列之后的结果，哪几个月销售额较大一目了然，我们可以从中找到一些规律以提高销量。

	A	B	C	D
	月份	销售金额（元）		
1	1 月	6 325		
2	9 月	6 394		
3	3 月	6 587		
4	6 月	6 915		
5	12 月	7 196		
6	8 月	7 413		
7	2 月	7 468		
8	7 月	7 785		
9	11 月	8 431		
10	5 月	8 732		
11	10 月	8 752		
12	4 月	9 514		

　　除了这种常见的图表之外，还有饼图、柱形图、折线图、圆环图、雷达图、气泡图等多种形式，可以增强视觉效果，更加直观、形象地表现数据之间的关系。

　　此外，还有 SWOT 型图解，适用于分析目前所处的形势；透视型图解，适用于焦点定位；模式型图解，适用于程式化的运作模式。

■饼图

■歌曲
■电影
■电视剧
■其他

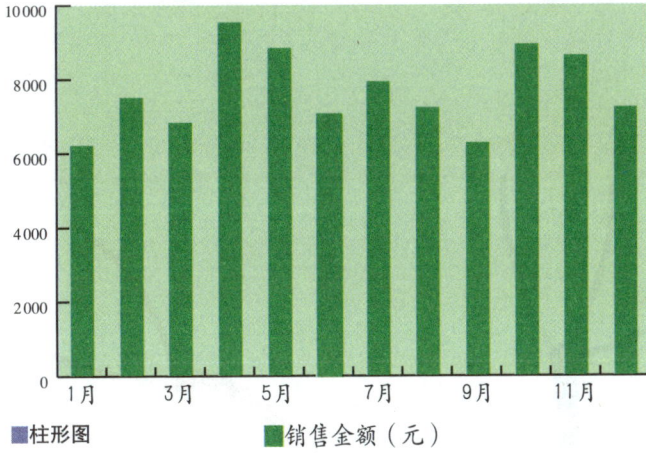

■柱形图　　　　　■销售金额（元）

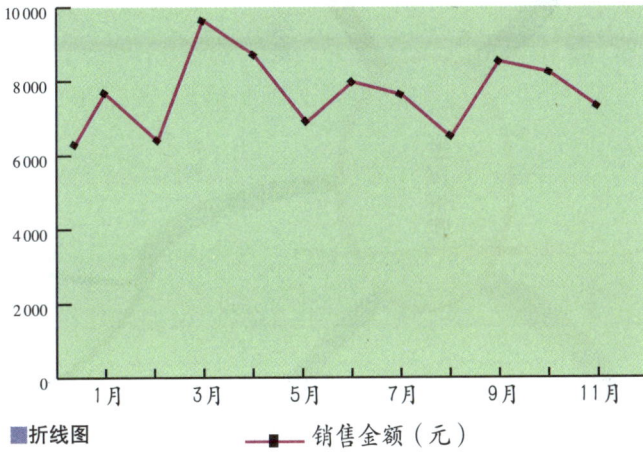

■折线图　　　　　■—销售金额（元）

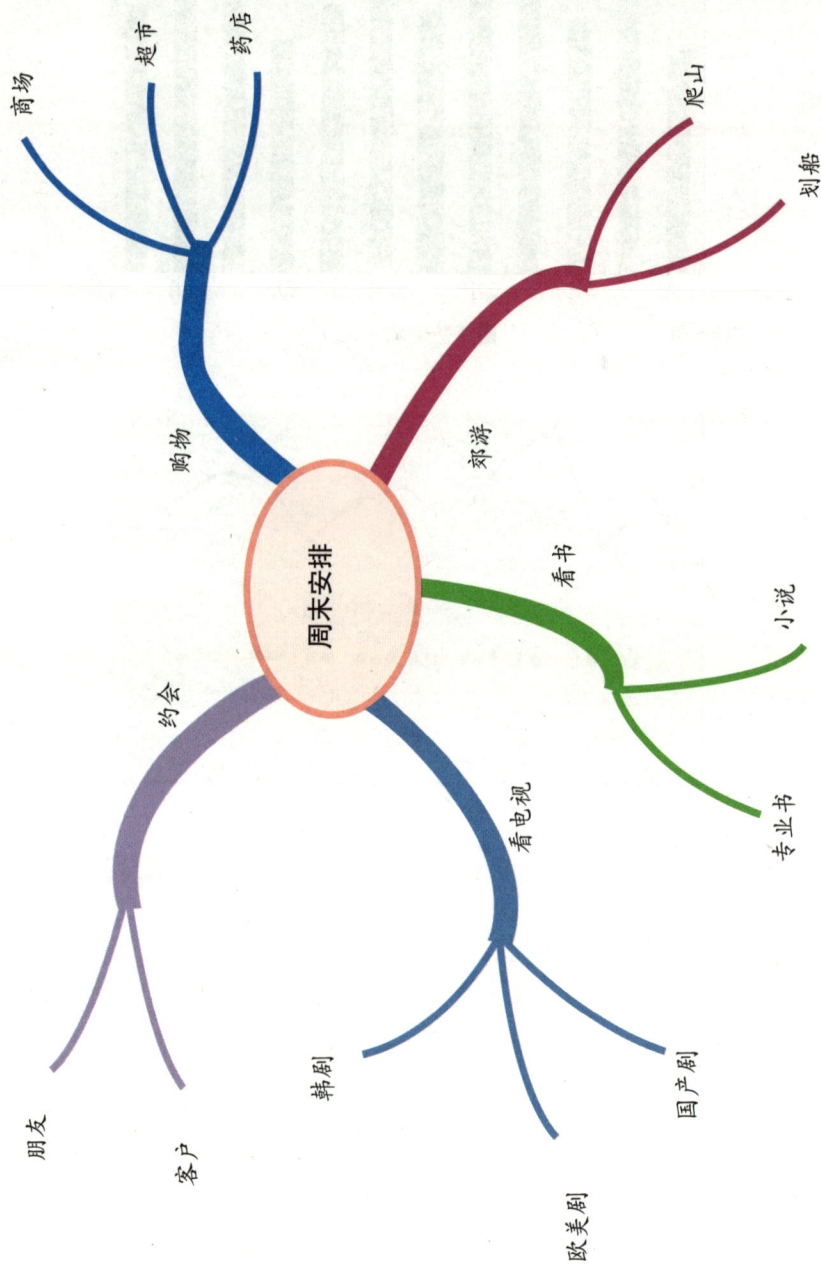

商场
超市
药店
购物

爬山
划船
郊游

周末安排

看书
小说
专业书

约会
朋友
客户

看电视
韩剧
欧美剧
国产剧

第二章

告别死记硬背，让思想起飞

第一节
勇敢地自由想象

　　"学习是件特别枯燥的事情。"在我们身边，很多人会抱怨学习无趣。

　　"写作文的时候我老觉得没有东西可写。"也有很多人抱怨写出的作文空洞无物。那么，在抱怨之前，请先问一问自己："我具有丰富的想象力吗？"

　　一个人，如果具有丰富的想象力，就拥有了联想的空间，这好比为学习找到了一种强大动力。想象力能把光明的未来展示在人们的面前，鼓舞人们以巨大的精力去从事创造性的学习。只有拥有丰富的想象力，我们的学习才会具有创造性，在学习的过程中，我们便会发现学习也是一种乐趣。

　　究竟怎样才能提高我们的想象力呢？这里有一些线索可以给你参考。

　　首先，我们要相信每个事物都可能成为其他所有的事物。在艺术家看来，每个事物都是其他所有的事物。艺术家的大脑是高度创造性的大脑，那里没有逾越不了的障碍，自由想象是学习者最好的朋友。

　　可这一点对很多人来说就很困难。首先是因为有的人不敢放开自己的思路，政治的题目就一定要从政治的角度来思考，历史的问题就绝对不能从地理的因素来考虑。这样的头脑是很难有所创造的。

另外，在学习过程中，不要把自己限制在自己的小世界里，应该勇敢地走出去，到野外去亲近自然，感受大自然的奇妙。

未来的世界一定是越来越重视想象力的世界，你可以对想象力做有针对性的训练。

积累丰富的感性形象

可以在社会实践中开阔视野，以扩大对自然界和人类社会各种形象的储备。社会调查、参观、游览、欣赏影视歌舞、读书，都可以扩大形象储备。

借用"蒙眬"想象

不少科学家善于在睡意蒙眬的状态下思考问题。运用蒙眬法，能发现事物之间的一些原来意想不到的相似点，从而触发想象和灵感。

融合想象与判断

合理的想象只有同准确的判断力一道才能发挥作用。丰富的想象力，既需思想活跃，又需判断正确。

练习比喻、类比和联想

比喻、类比是想象力的花朵。经常打比方，可使想象力活跃。读小说时，可以有意识地在关键时刻停下来，自己设想一下故事的多种发展趋向，然后比较小说的写法，从中受到启迪。看电视连续剧可逐集练习。

多作随意性想象

要先放开思想想象，再修改或删除不合适的地方，思想拘谨很难产生出色的想象。要知道，成功地运用你的想象力，引导自己去开发新鲜的领域与成就，这种想象力往往能发挥重要的作用。人们可以借助逻辑上的变换，从已知推出未知，从现在导出将来。

我们可以做几个针对联想思维的小训练。

词语的连接

用下面的词语组织一段文字，要求必须包含所有的词语。

科学 月刊 稀少 聪明 天空 消息 手语 树木 符号 卵石 太阳模式 间谍 玻璃 池水 橱窗 细胞 暴风雨 神经错乱 波状曲线

例文 1：她心神不定地坐在走廊的椅子上，随手翻着一本科学月刊，那是一种图片稀少但内容芜杂的刊物。她翻着，看到聪明、天空、消息、手语、树木、符号、卵石、太阳、模式、间谍、玻璃、池水、橱窗、暴风雨、波状曲线、细胞、神经错乱等一些乱七八糟的词语，就像一间杂货铺，尽情地展示着自己的存货。她把杂志扔到身旁，一时间，心里烦乱不堪，各种各样的感觉纷纷袭来。

例文 2：对于由神经错乱而引起的"联想狂"病症，康宁博士在一家科学月刊上有较为详尽的分析。博士指出，这是一种稀少的病症，可是病患却不容易治愈。患者往往自以为极度聪明，能发现常人所不能发现的情况。比方说他们可以从天空云彩的变幻得知电视台节目的预告，风吹过树木的摇摆是某种意义的手语，一处污斑往往是一个透露着征兆的符号……博士分析了一个病例，患者把卵石看成是太阳分裂后的碎块，并建立了一种如下的思维模式：猫就是间谍，玻璃是由池水的表层部分凝固而成，橱窗为暴风雨的侵袭提供支持，波状曲线是细胞。

例文3：这突如其来的消息使她一时间神经错乱，平时喜欢阅读的科学月刊被胡乱地丢到地上。走近窗前，她看到树木上稀少的叶片，在太阳下闪烁着刺目的光，仿佛是一种预兆的符号，可惜以前她没有读懂。真弄不明白，像他这样的聪明人，怎么会是间谍？记得曾经一起讨论那些暴风雨的模式时，他似乎想透露什么，然而最终他只是望着当街的橱窗玻璃，那上面有一道奇怪的波状曲线。"池水里的卵石上有无数细胞。"他说。然后打了一个无聊的手语。

完成一篇文章

比如我们就写鹰。以鹰作为联想的中心，我们可以建立如下的联想：

（1）与鹰有关的特征：鹰巢、鹰画、鹰标本、鹰笛（猎人唤鹰的工具）、鹰架、鹰的训练步骤及注意事项……

（2）鹰本身的特征：鹰的食物（食谱）、鹰的卵及孵化、鹰眼、鹰爪、鹰的羽毛、鹰的鼻子以及耳朵、鹰的翅膀、鹰的飞翔能力……

（3）与鹰有关的一些词语：打猎、雄鹰展翅、大展宏图、猎猎大风、迅捷、搏兔捕蛇……

（4）与鹰有关的精神：拼搏到底、不怕挫折、信念坚定、勇于挑战、崇尚大自然、独来独往、无限自由……

心理学家哥洛万斯和斯塔林茨曾用实验证明，任何两个概念词语都可以经过四五个阶段，建立起联想的关系。例如"木头"和"皮球"，是两个风马牛不相及的概念，但可以以联想为媒介，使它们发生联系：木头——树林——田野——足球场——皮球。又如"天空"和"茶"，天空——土地——水——喝——茶。因为每个词语可以同将近 10 个词直接发生联想关系。

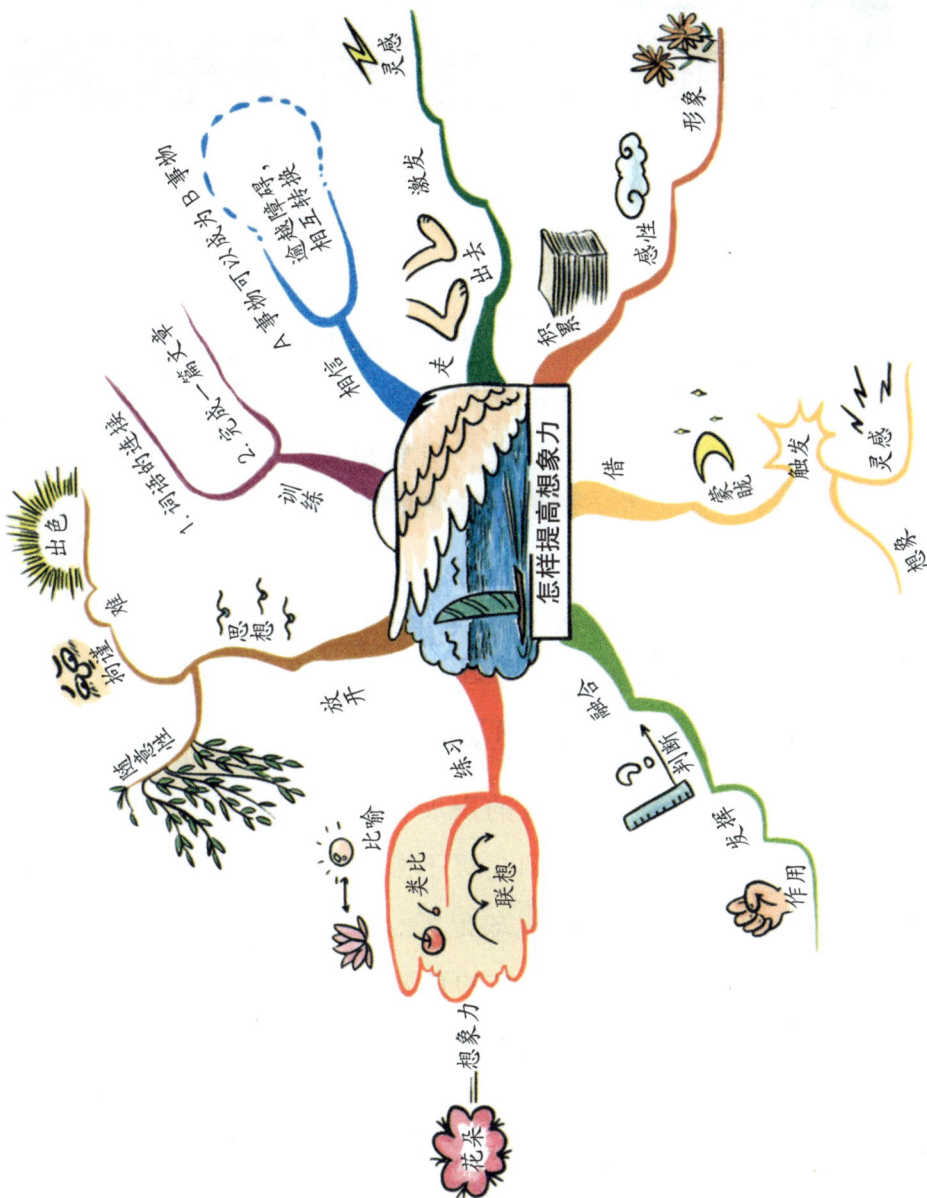

灵感

形象

激发

感性

相信

夫

A事物可以成为B事物

越想障碍，相互转换

积累

出去

借

蒙眬

触发

灵感

想象

2.完成一篇文章

1.词语的连接

训练

怎样提高想象力

出色

难

分类

练习

联想

谦合

判断

作用

联想

冥想

放开

发挥

随意性

比喻

类比

想象力

花朵

29

第二节
借助图画的力量

　　形象思维是建立在形象联想的基础上的，先要使需要思考记忆的物品在脑子里形成清晰的形象，并将这一形象附着在一个容易回忆的联结点上。这样，只要想到所熟悉的联结点，便能立刻想起学习过的新东西。

　　依照形象思维而来的形象记忆是目前最合乎人类右脑运作模式的记忆法，它可以让人瞬间记忆上千个电话号码，而且长时间不会忘记。

　　但是，当人们在利用语言作为思维的材料和物质外壳，不断促进意义记忆和抽象思维的发展，在左脑功能迅速发展的同时又推动人的思维从低级到高级不断进步、完善，并越来越发挥无比神奇作用的过程中，却犯了一个本不应犯的错误——逐渐忽视了形象记忆和形象思维的重要作用。

　　于是，人类越来越偏重使用左脑的功能进行意义记忆和抽象思维了，而右脑的形象记忆和形象思维功能渐渐遭到不应有的冷落。其实，我们对右脑形象记忆的潜力还缺乏深刻的认识。

　　现在，让我们来做个小游戏，请在一分钟内记住下列东西。

　　风筝、铅笔、汽车、电饭锅、蜡烛、果酱。

怎么样，你感到费力吗？你记住了几项呢？其实，你完全可以轻而易举地记全这六项，只要你利用你的想象力。

你可以想象，你放着风筝，风筝在天上飞，这是一个什么样的风筝呢？是一个白色的风筝。忽然有一支铅笔，被抛了上去，把风筝刺了个大洞，于是风筝掉了下来。而铅笔也掉了下来，砸到了一辆汽车上，挡风玻璃也全碎了。

后来，汽车只好放到一个大电饭锅里去，当汽车放入电饭锅时，汽车熔化了，变软了。后来，你拿着一根蜡烛，敲着电饭锅，当当当，声音非常大，而蜡烛被涂上了果酱。

现在回想一下。

风筝怎么了？被铅笔刺了个大洞。

铅笔怎么了？砸到了汽车。

汽车怎么了？被放到电饭锅里煮。

电饭锅怎么了？被蜡烛敲出了声音。

蜡烛怎么了？被涂上了果酱。

如果你再回想几次，就把这六项记起来了。

这个游戏说明：联结是形象记忆的关键。好的、生动的联结要求将新信息放在旧信息上，创造另一个生动的影像，将新信息放在长期记忆中，以荒谬、无意义的方式用动作将影像联结。

好的联结在回想时速度快，也不易忘记。一般而言，有声音的联结比没有声音的好，有颜色的联结比没有颜色的好，有变形的联结比没有变形的好，动态的比静态的好。

想象是形象记忆法常用的方式，当一种事物和另一种事物相类似时，往往会从这一事物引起对另一事物的联想。把记忆的材料与自己体验过的事物联结起来，记忆效果就好。

形象记忆是右脑的功能之一，加强形象记忆可促进形象思维的发展，在听音乐时可以记忆旋律、记忆主题、默读乐谱、反复欣赏、活跃思维。

你还可以通过下面的方法训练自己的形象思维。

小人儿想象

做法如下。

（1）冥想、呼吸，使身心放松。

（2）暗示自己的身体逐渐变小，比米粒和沙子还小，变成了肉眼看不见的电子一般大小的小人儿，能进入任何地方。

（3）想象自己走进合着的书里面，看看书里面写的什么故事，画的什么样的画。

木棒想象

首先让身体处于一种紧张的状态，想象自己僵直得如同木棒一般，然后逐渐松弛下来，放松身体。反复重复上述训练可以起到深化你的冥想能力的作用。

（1）在床上静卧，闭上双眼。按照自己的正常速度，重复进行三次深呼吸。

（2）重新恢复到正常呼吸状态，接下来想象自己的身体变成一根坚硬的木棒，感觉自己又仿佛变成了一座桥梁，在空中划出一道有韧性的弧线，如此重复。身体变得僵直、坚硬。

（3）感觉身体开始松弛、变软。

（4）再次僵直、变硬，变得越来越坚固。

（5）迅速恢复松弛、柔软的状态。

（6）再一次变得僵硬起来。

（7）身体重新松弛下来。下面重复进行三次深呼吸。在呼气的时候，努力进行更深层次的放松，感觉大脑处于一种冥想的出神状态，并逐渐上升至更高级别的层次。

（8）下面你从1数到10，在数数的过程中，想象你自己冥想的级别也在逐步提升，努力认真地想象自己冥想的级别在不断深化。

（9）下面开始数：

〈1、2〉，冥想的级别在逐渐深化；

〈3、4〉，进一步深化；

〈5、6〉，更进一步的深化；

〈7、8〉，更为深入的深化；

〈9、10〉，已进入较高层次的深化。

（10）接下来，开始进行颜色想象训练。一开始先想象自己面前30厘米处出现一个屏幕，然后想象屏幕上出现红、黄、绿等颜色。首先进行红色的想象，然后看到眼前出现红色。

（11）下面，红颜色消失，逐渐变成黄色。就这样想象下去。

（12）接下来，黄颜色消失，逐渐变成绿色。

（13）下面开始想象你自己家正门的样子，已经开始逐渐看清楚了吧，对，想得越细越好，直到完全可以清楚地看到为止。

（14）下面，打开房门，走进去，看看屋子里面是什么样的。

（15）现在可以清醒过来了。开始从 10 数到 0，感觉自己心情舒畅地醒来。

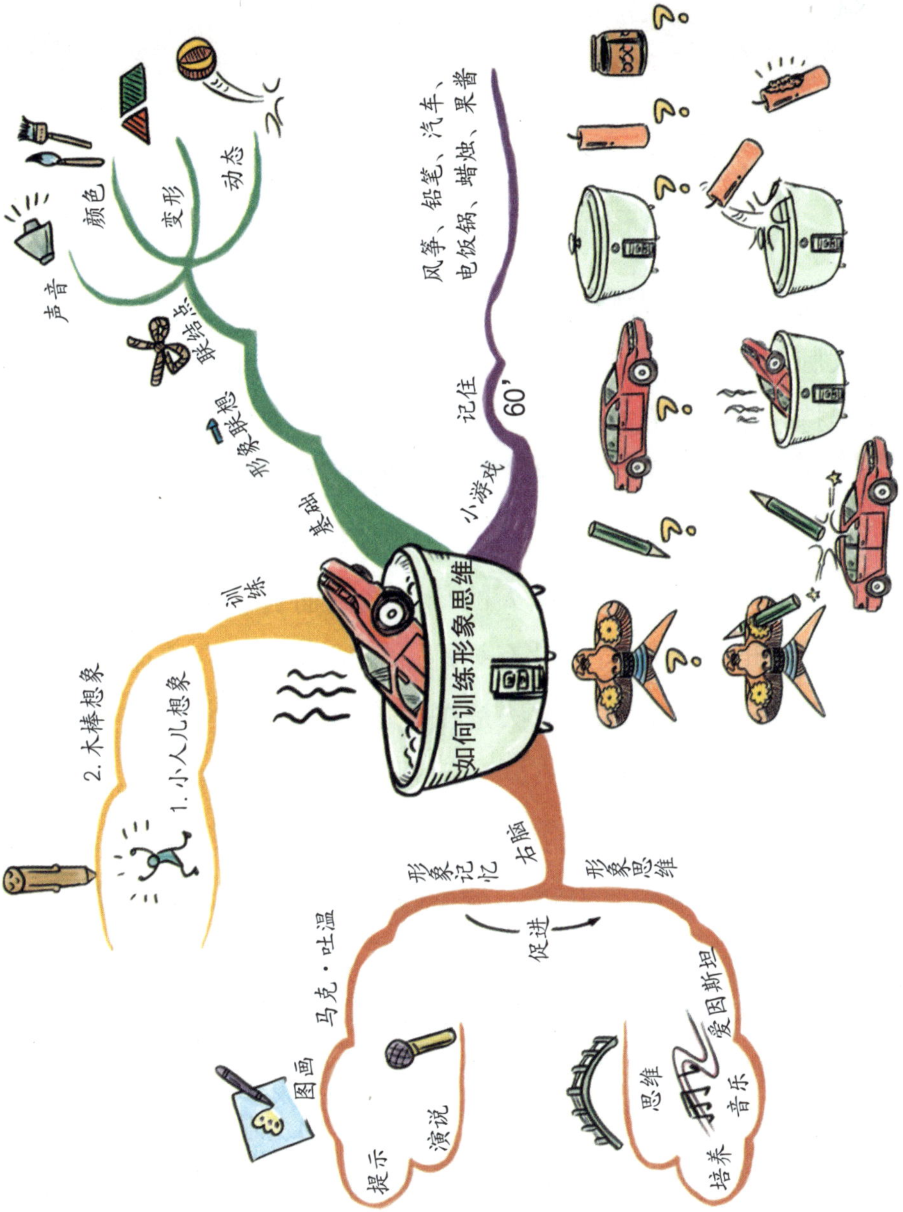

声音　颜色　变形　动态

联结点

形象联想

基础

1 形象联想

训练

2.木棒想象

1.小人儿想象

如何训练形象思维

记住　60'

小游戏

凤筝、铅笔、汽车、电饭锅、蜡烛、果酱

形象记忆

促进

形象思维

右脑

图画　马克·吐温

提示　演说

思维　音乐　爱因斯坦

培养

35

第三节
答案并不只有一个

　　死气沉沉的大脑毫无创造力可言，在学习过程中，若要保持大脑的兴奋，就要保持思维的活跃，而发散思维可以帮助大脑维持一个灵敏的状态。

　　几乎从启蒙那天开始，社会、家庭和学校便开始向学生灌输这样的思想：这个问题只有一个答案，不要标新立异，这是规矩，等等。当然，就做人的行为准则而言，遵循一定的道德规范是对的，正所谓"没有规矩，不成方圆"。然而，凡事都制定唯一的准则，这一做法是在扼杀创造力。

　　这种从多个角度观察同一问题的做法所体现的就是发散思维的运用。它是一种从不同的方向、不同的途径和不同的角度去设想的展开型思考方法，是从同一来源材料、一个思维出发点探求多种不同答案的思维过程，它能使人产生大量的创造性设想，摆脱习惯性思维的束缚，使人们的思维趋于灵活多样。

　　比如一枚曲别针究竟有多少种用途？你能说出几种？十种？几十种？还是几百种？你可以来一场头脑风暴，看看自己能想到的极限是多少种——如果你想继续这个游戏的话，可能你到人生的最后一刻，才能找到曲别针特别的用途来。

请诸位动一动脑筋，打破框框，看谁能说出曲别针的更多种用途，看谁的创造性思维开发得好、多而奇特。

如果把曲别针的总体信息分解成重量、体积、长度、截面、弹性、直线、银白色等要素。把这些要素，用根标线连接起来，形成一根信息标。然后，再把与曲别针有关的人类实践活动要素相分析，连成信息标，最后形成信息反应场。

这时，现代思维之光，射入了这枚平常的曲别针，它马上变成了孙悟空手中神奇变幻的金箍棒。只需将信息反应场的坐标，不停地组切交合，通过两轴推出一系列曲别针在数学中的用途。例如，曲别针分别做成1、2、3、4、5、6、7、8、9、0，再做成"＋－×÷"的符号，用来进行四则运算，运算出数量，就有1000万、1亿……在音乐上可创作曲谱；曲别针可做成英、俄、希腊等外文字母，用来进行拼读；曲别针可以与硫酸反应生成氢气；曲别针可以做指南针；曲别针串起来可以导电；曲别针是铁元素构成的，铁与铜的化合是青铜，铁与不同比例的几十种金属元素分别化合，生成的化合物则是成千上万种……

实际上，曲别针的用途，几乎近于无穷！

要想提高自己的发散思维，我们不妨按照以下三个步骤来进行练习。

充分想象

人的想象力和思维能力是紧密相连的，在进行思考的过程中，一定要学会运用想象力，使自己尽快跳出原有的知识圈子，只有思路不局限于一点，思维才能更加开阔。

不要过分紧张

要想进行发散思维，必须拥有一个较好的思维环境，同时也应该保持较好的心情，这就要求我们在碰到问题的时候不能过于紧张。紧张只能使人方寸大乱，对于解决问题没有丝毫助益。

从不同角度发散思维

思考问题的时候不要从单一的角度进行，应该学会从不同角度、不同方向、不同层次进行，同时对自己所掌握的知识或经验进行重新组合、加工，只有这样才能找到更多解决问题的办法。

发散的角度越多，我们掌握的知识就越全面，思维就越灵活。在学习中，对于有新意、有深度的看法，我们应该大胆地提出来，和老师同学们一起探讨，从而激发全班学生的发散性思维。

对每个人来说，发散性思维是一种自然和几乎自动的思维方式，能给我们的学习和生活更多更大的帮助。

要强化自己的发散思维，就必须不断进行思维训练，如：

► 训练 1 ：尽可能多地写出含有"人"字的成语

► 训练 2 ：尽可能多地写出有以下特征的事物

（1）能用于清洁的物品。

（2）能燃烧的液体。

► 训练 3 ：尽可能多地写出近义词

（1）美丽。

（2）飞翔。

► 训练 4 ：解释词语

（1）存亡绝续。

（2）功败垂成。

► 训练 5 ：尽可能多地列举下列物体的用途

（1）易拉罐。

（2）水泥。

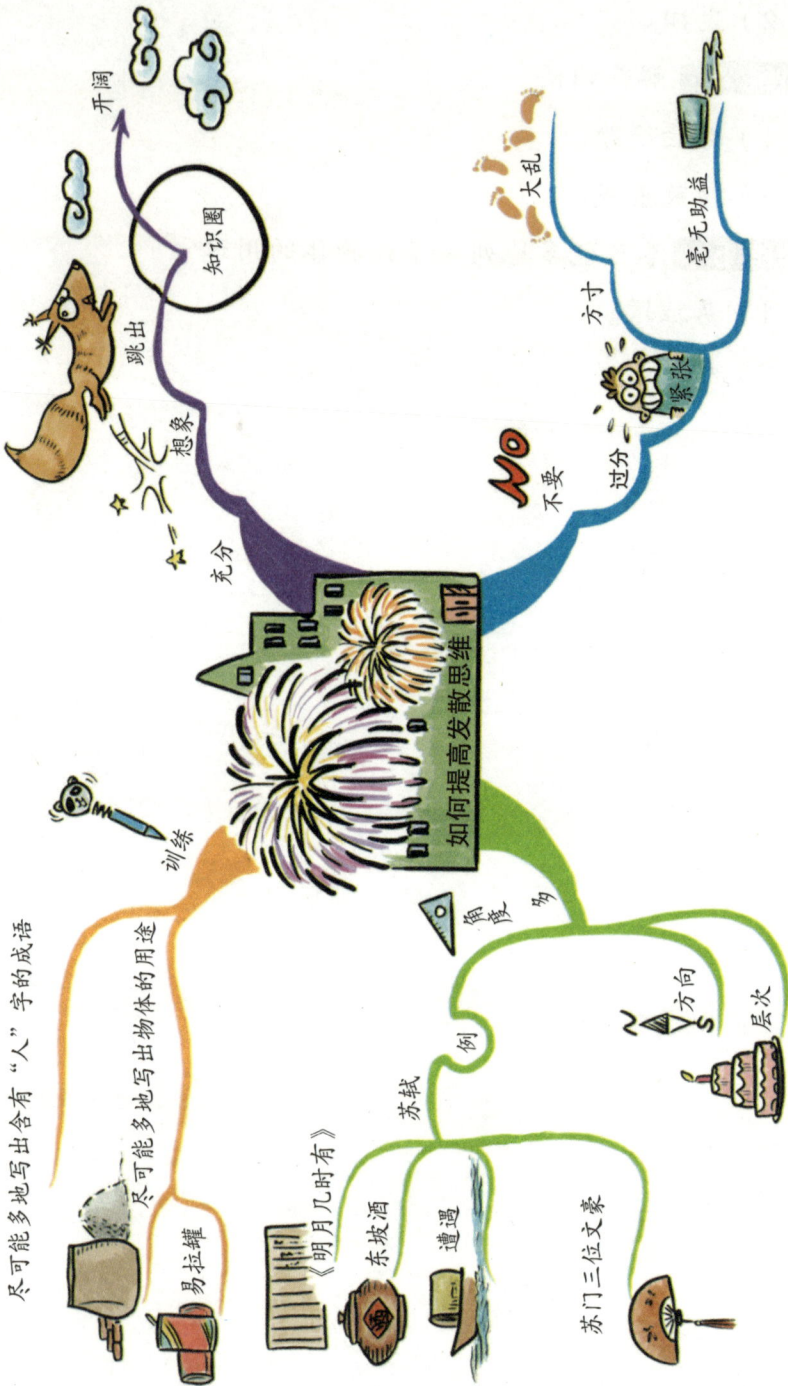

开阔

知识圈

跳出

想象

充分

训练

如何提高发散思维

NO

不要

过分

紧张

方寸

大乱

毫无助益

角度

方向

层次

例

苏轼

《明月几时有》

东坡酒

遭遇

苏门三位文豪

尽可能多地写出含有"人"字的成语

尽可能多地写出物体的用途

易拉罐

第四节
不容小觑的细节

有人常说："其实我都会，就是粗心做错了几道题。"乍听之下，好像他本来很聪明，不是不会做题，只是不太细心。但事实上，拿高分的人从来不粗心，他们从来不丢应得的分数。如果你真的聪明的话，就更应该重视每一个细节。

有人说："我是一个不拘小节的人。"殊不知，细节往往是解决问题的侧向突破口。老子说："天下难事，必作于易；天下大事，必作于细。"

而思维缜密是一个相对的概念，所谓"智者千虑，必有一失；愚者千虑，必有一得"，具体的思维过程很难描述清楚，但思维缜密的人都有一个良好的习惯，即大脑中都有一幅思维导图！

思维通常包括两个方向，一个是顺向，一个是逆向，缜密就一定要从事物的正反两个方面去思考问题。但无论是正向或者是逆向的思考，都需要一种发散的思维，就是把事物发展的每一种可能性，都尽量用思维导图的形式罗列出来，一一加以考虑，制定应对策略和解决方法。

缜密是一个思维训练的结果，要求我们在思考具体问题的过程中，首先学会在正常思维的前提下，站在问题其他不同的方面，从各个角度看问题，比如说如何理解危机？拆分开来看，什么是危险，什么是机会，再进一步拆分视角，思考一下危险当中隐藏着什么机会，机会当中有什么样的危险，针对可能的方面进行层层扩展……把这些问题一一罗列出来，然后再从每一个点发散出去，用思维导图的形式，陈列所有相关要素，先分清主要矛盾和次要矛盾，再找到每一个矛盾的主要方面和次要方面，根据不同的权重分别加以解决。

最好的训练方式，就是通过书写和画思维导图的方式整理思路、形成方案。

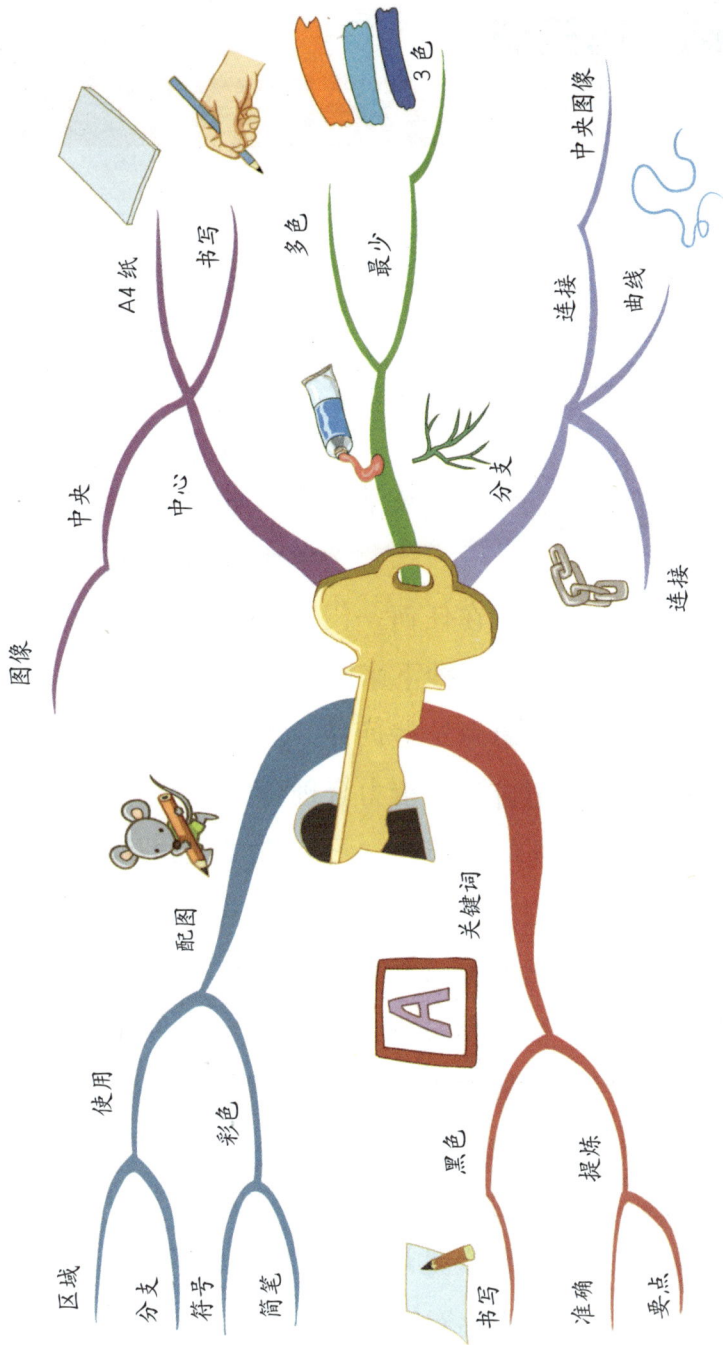

图像

中央
中心
A4纸
书写
多色
最少
分支
中央图像
连接
曲线
连接

配图
使用
彩色
区域
分支
符号
简笔
关键词
黑色
书写
提炼
准确
要点

第五节
学习也分轻重缓急

考试的时候你是否经常不知道应该先做选择题还是计算题？

语文、英语、生物和数学作业同时放在面前，你是否知道应该先做哪一个？

你是否考虑过，在任何一门课上，你应该先认真听讲呢，还是先把黑板上的笔记抄下来呢？

其实，当你在思考这些问题、感叹时间不够用的时候，善于学习的人早已把自己的精力合理分配，正向学习的顶峰攀登。

当我们向优秀的人请教学习方法时，他们经常说："想一想，在平时的学习过程中，你是否总是贪多贪全，因为把精力浪费在芝麻小事上而忘记了最重要的内容呢？"

学习中，一些人总是贪多，总想一下子把所有的内容都学完学会，把所有的题都做完，把所有的课文都背下来，糟糕的是却不会预先安排时间，找到侧重点。这种片面追求面面俱到却抓不住学习重点的做法，结果往往是事倍功半。

只有我们知道什么是最重要的，抓住了关键，不把精力浪费在芝麻小事上，才能安排时间、集中精力于一点，认准目标，将学习贯彻到底。

因为每个人的脑力有限，所以更需要合理地规划和安排。日常生活中，上网、玩游戏、社交都会牵扯大量精力，这时就需要提高自控能力，定好学习目标，争取贯彻到底。

对于我们每个人来说，只有正确把握要做的事情与时间之间的关系，才有可能把这些事情都处理好。

另外，应把每天要做的事情按照轻重缓急程度排列顺序：

第一类是重要而紧迫的事情，如考试、测验等；

第二类是紧迫但不重要的事情，如完成家庭作业等；

第三类是重要但不紧迫的事情，如提高阅读能力等；

第四类是既不重要也不紧迫的事情，如果时间不允许可以不做的事，比如逛街等。

如果能够按照这个顺序来安排学习任务，可以保证把重要的事情首先完成，把学习安排得井井有条。

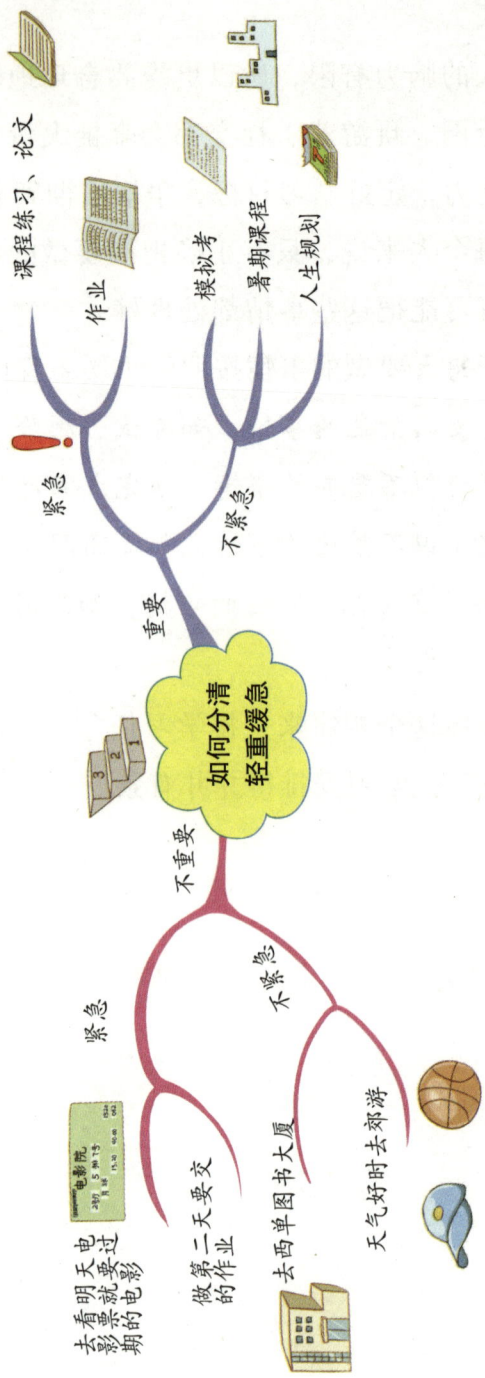

课程练习、论文

作业

模拟考

暑期课程

人生规划

紧急

不紧急

重要

如何分清
轻重缓急

不重要

紧急

不紧急

去看明天电
影票就要过
期的电影

做第二天要交
的作业

去归单图书大厦

天气好时去郊游

第六节
总结思维训练

　　一般来讲，事物之间是存在联系的，它们之间总有自己的规律存在。在记忆和学习的时候如果能找到它们之间的规律，就能轻松地学习和提高。

　　善学者总是有意识地去寻找事物的规律，在分析规律的过程中不断加强理解，记忆起来就会容易得多。一个人学习成绩优秀，除了刻苦学习外，良好的学习习惯也起着决定性的作用。

　　记忆是掌握知识、运用知识、增强智力、创造发明的关键，所以提高我们的记忆力就显得尤为重要。那么，我们该怎样去遵循记忆规律、提高自己的记忆力呢？

一次记忆的材料不宜过多

　　应该控制好每一次记忆材料的总量，如果总量过多很容易产生大脑疲劳，使记忆效率下降。

　　正确的做法是，把量控制在一个范围，能让你一次完成记忆过程，记忆完成后，还觉得意犹未尽，有余力再从事其他科目的学习。如果需要背记的材料实在过多，也可以把它切分成几部分，每次解决其中一部分。

　　如果需要记大量的问答题，可以把每个要点用1~2个字概括，都写到一张纸上，对着题目回忆答案，想不起来再看提示。只要能正确回忆起所有要点，就在题目下面打钩，下次就可以跳过去了。这样，记忆的次数越多，需要记忆的内容就越少，你的自信心就可以在这个过程中逐渐增强。

要善于找"特征"

良好记忆习惯的养成非常有利于记忆力的提高。所以平时在学习中一定要努力寻找规律，细心挖掘其特征，通过理解来加深记忆。要知道，"找特征"的过程，正是最好的理解和复习的过程，更是加深印象的过程。

事先做好心理调节

记忆之前，必须先做好心理调节，树立起自信心，相信自己一定能掌握这些材料。千万不要在记忆之前怀疑自己，担心自己背不下来。记忆过程中也要控制好自己的心态，不能急躁，急躁会破坏心理平衡，使大脑出现抑制现象，让自己无法顺利完成记忆。

总之，只有学会科学用脑，认识并遵循记忆规律，我们的记忆效果才会事半功倍，对自己才会越来越有信心。

总结思维与记忆

解决
效率
疲劳
切分
几份
要点
记忆
过多
易
数量
框架

理解
复习
过程
第一大法
特征（规律）
找
习惯
素质
提高

抑制
调节
大脑
树立
心理
急躁
失衡
信心

49

第三章

将记忆效果
发挥到极致

第一节
超右脑照相记忆法

　　著名的右脑训练专家七田真博士曾对一些理科成绩只有30分左右的小学生进行了右脑记忆训练。所谓训练，就是这样一种游戏：摆上一些图片，让他们用语言将相邻的两张图片联想起来记忆，比如，石头上放着草莓，草莓被鞋踩烂了，等等。

　　这次训练的结果是这些只能考30左右分的小学生都能得100分。通过这次训练，七田真指出，和左脑的语言性记忆不同，右脑中具有另一种被称作"图像记忆"的记忆，这种记忆可以使只看过一次的事物像照片一样印在脑子里。一旦这种右脑记忆得到开发，那些不愿学习的人也可以立刻拥有出色记忆力，变得聪明起来。

　　同时，这个实验告诉我们，每个人自身都储备着这种照相记忆的能力，你需要做的是把它挖掘出来。

　　现在我们来测试一下你的视觉想象力。你能内视到颜色吗？或许你会说："噢！见鬼了，怎么会这样。"请赶快先闭上你的眼睛，内视一下自己眼前有一幅红色、黑色、白色、黄色、绿色、蓝色然后又是白色的电影银幕。

　　看到了吗？哪些颜色你觉得容易想象，哪些颜色你又觉得想象起来比较困难呢？还有，在想象哪些颜色上你需要用较长的时间？

请你再想象一下眼前有一个画家，他拿着一支画笔在一张画布上作画。这种想象能帮助你提高对颜色的记忆，如果你多练习几次就知道了。

当你有时间或想放松一下的时候，请经常重复做这一练习。你会发现一次比一次更容易地想象颜色了。当然你可以做做白日梦，从尽可能美好的、正面的图像开始，因为根据经验，正面的事物比较容易记在头脑里。

你可以回忆一下在过去的生活中，一幅让你感觉很美好的画面。例如，某个度假日、某种美丽的景色、你喜欢的电影中的某个场面等等。请你尽可能努力地并且带颜色地内视这个画面，想象把你自己放进去，把这张画面的所有细节都描绘出来。在繁忙的一天中用几分钟闭上你的眼睛，在脑海里呈现一下这样美好的回忆，如此你必定会感到非常放松。

当然，照相记忆的一个基本前提是你需要把资料转化为清晰、生动的图像。清晰的图像就是要有足够多的细节，每个细节都要清晰。

比如，要在脑中想象"萝卜"的图像，你的"萝卜"是红的还是白的？叶子是什么颜色的？萝卜是沾满了泥还是洗得干干净净的呢？

图像轮廓越清楚，细节越清晰，图像在脑中留下的印象就越深刻，越不容易被遗忘。

再举个例子，比如想象"公共汽车"的图像，就要弄清楚你脑海中的公共汽车是崭新的还是又老又旧的？车有多高、多长？车身上有广告吗？车是静止的还是运动的？车上乘客很多很拥挤，还是人比较少宽宽松松？

生动的图像就是要充分利用各种感官，视觉、听觉、触觉、嗅觉、味觉，给图像赋予这些感官可以感受到的特征。

想象萝卜和公共汽车的图像时都用到了视觉效果。

在这两个例子中也可以用到其他几种感官效果。

在创造公共汽车的图像时，也可以想象：公共汽车的笛声是嘶哑还是清亮？如果是老旧的公共汽车，行驶起来是不是吱呀有声？在创造萝卜的图像时，可以想象一下：萝卜皮是光滑的还是粗糙的？生萝卜是不是有种幽幽的清香？如果咬一口，又会是一种什么味道呢？

经过上面的几个小训练之后，你关闭的右脑大门或许已经逐渐开启，但要想修炼成"一眼记住全像"的照相记忆，你还必须进行下面的训练。

一心二用（5分钟）

"一心二用"训练就是锻炼左右手同时画图。拿出一支铅笔，左手画横线，右手画竖线，要两只手同时画。练习一分钟后，两手交换，左手画竖线，右手画横线。一分钟之后，再交换，反复练习，直到画出来的图形完美为止。这个练习能够强烈刺激右脑。

你画出来的图形还令自己满意吗？刚开始的时候画不好是很正常的，不要灰心，随着练习的次数越来越多，你会画得越来越好。

想象训练（5分钟）

我们都有这样的体会，记忆图像比记忆文字花费时间更少，也更不容易忘记。因此，在我们记忆文字时，也可以将其转化为图像，记忆起来就简单得多，记忆效果也更好了。

想象训练就是把目标记忆内容转化为图像，然后在图像与图像间创造动态联系，通过这些联系能很容易地记住目标记忆内容及其顺序。正如本书前面章节所讲，这种联系可以采用夸张、拟人等各种方式，图像细节越具体、清晰越好。但这种想象又不是漫无边际的，必须用一两句话就可以表达，否则就脱离记忆的目的了。

如现在有两个水杯、两只蘑菇，请设计一个场景，水杯和蘑菇是场景中的主体，你能想象出这个场景是什么样的吗？越奇特越好。

对于照相记忆，很多人不习惯把资料转化成图像，不过，只要能坚持不懈地训练就可以了。

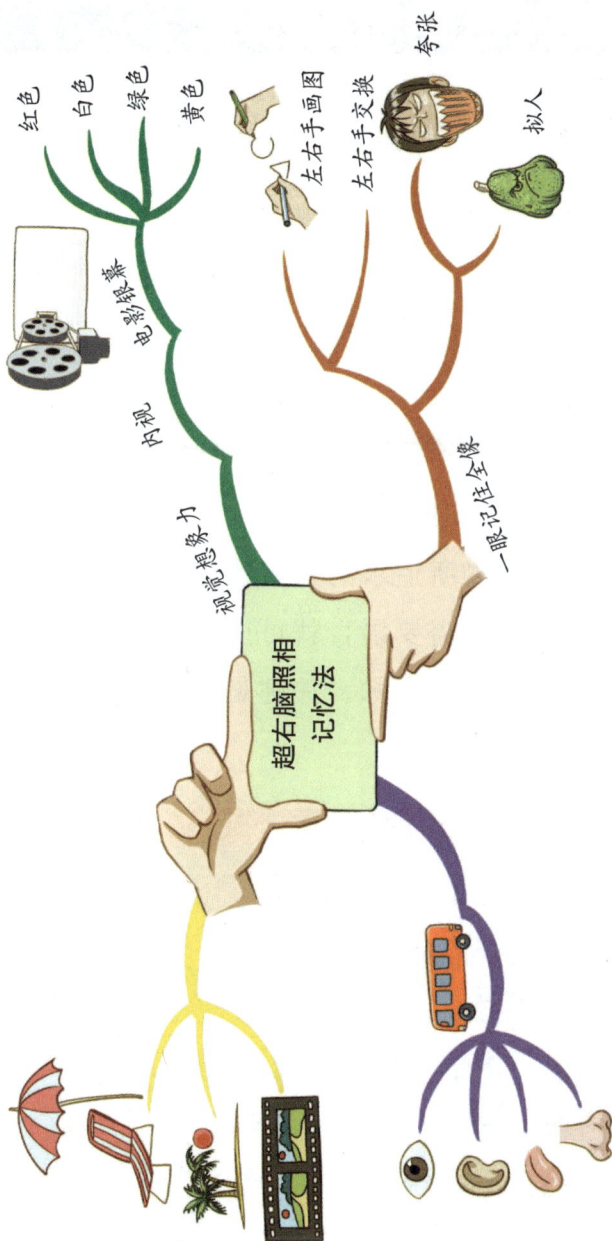

超右脑照相记忆法

视觉想象力
内视
电影银幕
红色
白色
绿色
黄色

左右手画图
左右手交换
夸张
拟人
一眼记住全像

第二节
进入右脑思维模式

我们的大脑主要由左、右脑组成，左脑负责语言逻辑及归纳，而右脑主要负责的是图形图像的处理记忆。所以右脑模式就是以图形图像为主导的思维模式。进入右脑模式以后是什么样子呢？

简单来说，就是在不受语言模式干扰的情况下可以更加清晰地感知图像，并忘却时间，而且整个记忆过程会很轻松并且快乐。和宗教或者瑜伽所追求的冥想状态有关，可以更深层次地感受事物的真相，不需要语言就可以立体、多元化、直观地看到事物发生发展的来龙去脉，关键是可以增加图像记忆和在大脑中直接看到构思的图像。

想使用右脑记忆，人们应该怎样做呢？

由于左、右侧的活动与发展通常是不平衡的，往往右侧活动多于左侧活动，因此有必要加强左侧活动，以促进右脑功能。

在日常生活中我们尽可能多使用身体的左侧，也是很重要的。身体左侧多活动，右侧大脑就会发达。右侧大脑的功能增强，人的灵感、想象力就会增加。比如在使用小刀和剪子的时候用左手，拍照时用左眼，打电话时用左耳。

　　还可以见缝插针锻炼左手。如果每天得在汽车上度过较长时间，可利用它锻炼身体左侧。

　　如用左手指勾住车把手，或手扶把手，让左脚单脚支撑站立。或将钱放在自己的衣服左口袋，上车后以左手取钱买票。有人设计一种方法：在左手食指和中指上套上一根橡皮筋，使之成为8字形，然后用拇指把橡皮筋移套到无名指上，仍使之保持8字形。

　　依此类推，再将橡皮筋套到小指上，如此反复多次，可有效地刺激右脑。此外，有意地让左手干右手习惯做的事，如写字、拿筷子、刷牙、梳头等。

　　这类方法中具有独特价值且值得提倡的还有手指刺激法。著名教育家苏霍姆林斯基说："儿童的智慧在手指头上。"许多人让儿童从小练弹琴、打字、珠算等，这样双手的协调运动，会把大脑皮层中相应的神经细胞的活力激发起来。

　　还可以采用环球刺激法。尽量活动手指，促进右脑功能，是这类方法的目的。例如，每捏扁一次健身环需要10~15千克握力，五指捏握时，又能促进对手掌各穴位的刺激、按摩，使脑部供血通畅。

　　特别是左手捏握，对右脑起激发作用。有人数年坚持"随身带个圈（健身圈），有空就捏转，家中备副球，活动左右手"，确有健脑益智之效。此外，多用左、右手掌转捏核桃，作用也一样。

正如前文所说，使用右脑会使全脑的能力随之增加，学习能力也会提高。

你可以尝试着在自己喜欢的书中选出20篇感兴趣的文章，每一篇文章都是能读2~5分钟的，然后下决心开始练习右脑记忆，不间断坚持3~5个月，看看效果如何。

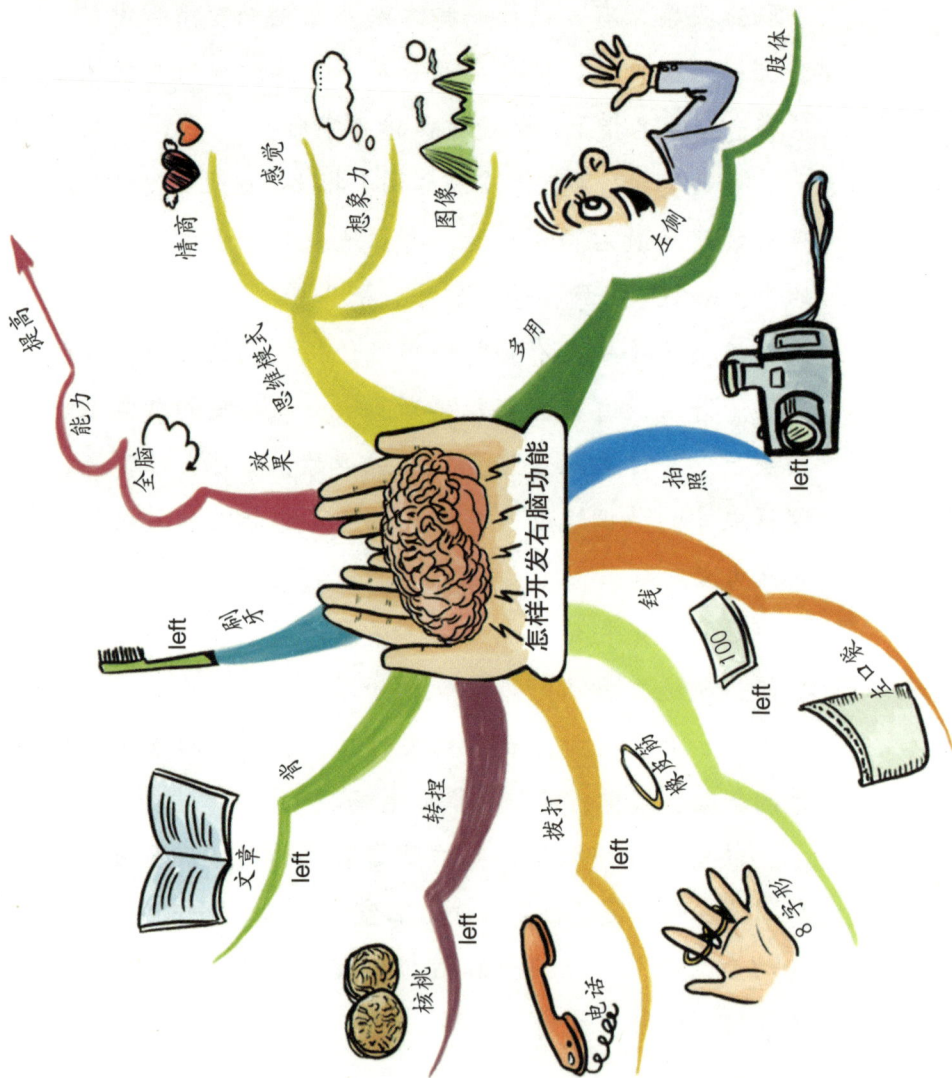

第三节
给知识编码，加深记忆

红极一时的电视剧《潜伏》中有这样一段，余则成为了与组织联系，总是按时收听广播中给"勘探队"的信号，然后一边听一边记下各种数字，再破译成一段话。你一定觉得这样的沟通方式很酷，其实我们也可以用这种方式来学习，这就是编码记忆。

编码记忆是指为了更准确而且快速地记忆，我们可以按照事先编好的数字或其他固定的顺序记忆。编码记忆方法是研究者根据诺贝尔奖获得者美国心理学家斯佩里和麦伊尔斯的"人类左右脑机能分担论"，把人的左脑的逻辑思维与右脑的形象思维相结合的记忆方法。

反过来说，经常用编码记忆法练习，也有利于开发右脑的形象思维。编码记忆法的最基本点，就是编码。

所谓"编码记忆"就是把必须记忆的事情与相应数字相联系并进行记忆。

例如，我们可以把房间的事物编号如下：1——房门、2——地板、3——鞋柜、4——花瓶、5——日历、6——橱柜、7——壁橱。如果说"2"，马上回答"地板"；如果说"3"，马上回答"鞋柜"。这样将各部位的数字号码记住，再与其他应该记忆的事项进行联想。

开始先编 10 个左右的号码，先对脑子里浮现出的房间物品的形象进行编号。以后只要想起编号，就能马上想起房间内的各种事物，这只需要 5~10 分钟即可记下来。在反复练习过程中，对编码就能清楚地记忆了。

这样的练习进行得较熟练后，再增加 10 个左右。如果能做几个编码并进行记忆，就可以灵活应用了。你也可以把自己的身体各部位进行编码，这样对提高记忆力非常有效。

作为编码记忆法的基础，如前所述，就是把房间各部位编上号码，这就是记忆的"挂钩"。

请你把下述实例，用联想法联结起来，记忆一下这件事：1——飞机、2——书、3——橘子、4——富士山、5——舞蹈、6——果汁、7——棒球、8——悲伤、9——报纸、10——信。

先把这件事按前述编码法联结起来，再用联想的方法记忆。联想举例如下。

（1）房门和飞机：想象入口处被巨型飞机撞击。

（2）地板和书：想象地板上书在脱鞋。

（3）鞋柜和橘子：想象打开鞋柜后，无数橘子飞出来。

（4）花瓶和富士山：想象花瓶上长出富士山。

（5）日历和舞蹈：想象日历在跳舞。

（6）橱柜和果汁：想象装着果汁的大杯子里放的不是冰块，而是橱柜。

（7）壁橱和棒球：想象棒球运动员把壁橱当成防护用具。

（8）画框和悲伤：画框掉下来砸了脑袋，最珍贵的画框摔坏了，因此而伤心流泪。

（9）海报和报纸：想象报纸代替海报贴在墙上。

（10）电视机和信：想象大信封上装有荧光屏，信封变成了电视机。

如按上述方法联想记忆，无论采取什么顺序都能马上回忆出来。

这个方法也能这样进行练习，先在纸上写出1~20的号码，让朋友说出各种事物，你写在号码下面，同时用联想法记忆。然后让朋友随意说出任何一个号码，如果回答正确，画一条线勾掉。

掌握了编码记忆的基本方法后，只要是身边的事物都可以编上号码进行记忆，把记忆内容回忆起来。

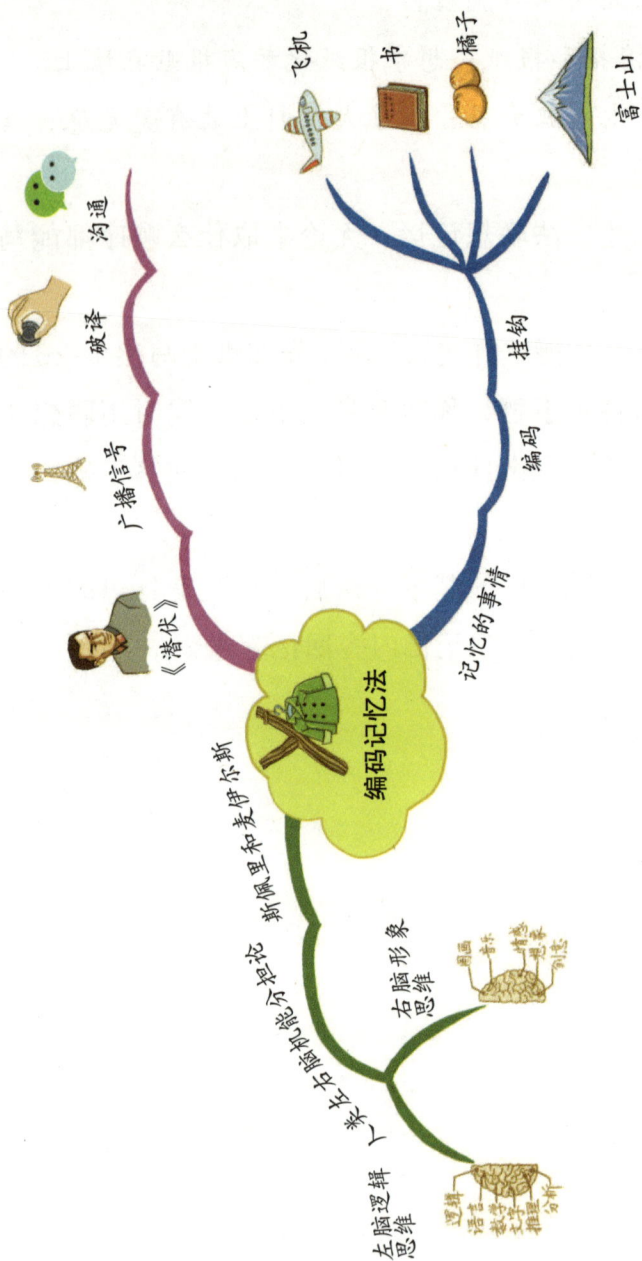

编码记忆法

《潜伏》

广播信号

破译

沟通

飞机

书

橘子

富士山

挂钩

编码

记忆的事情

斯佩里和麦伊尔斯
来一来左右脑机能分担论

右脑形象
思维

左脑逻辑
思维

逻辑
语言
数字
推理
分析

漫画
书写
情感
创意

第四节
夸张手法强化印象

开发右脑的方法有很多，荒谬联想记忆法就是其中的一种。我们知道，右脑主要以图像和心像进行思考，荒谬记忆法几乎完全建立在这种工作方式的基础之上，从所要记忆的一个项目尽可能荒谬地联想到其他事物。

荒谬记忆法

荒谬记忆法最直接的帮助是你可以用这种记忆法来记住你所学过的英语单词。例如，你用这种方法只需要看一遍英语单词，当你一边看这些单词，一边在头脑中进行荒谬的联想时，你会在极短的时间内记住近 20 个单词。

例如，记忆 legislate（**立法**）这个单词时，可先将该词分解成 leg、is、late 三个字母，然后把"legislate"记成"为腿（leg）立法，总是（is）太迟（late）"。这样荒谬的联想，以后我们就不容易忘记。关于学习科目的记忆方法，我们在后面章节中会提到。在这一节中，我们从最普通的例子说明荒谬联想记忆应如何操作。

该方法来源于古埃及人在《阿德·海莱谬》的记录。我们每天所见到的琐碎的、司空见惯的小事，一般情况下是记不住的。而听到或见到的那些稀奇的、意外的、低级趣味的、丑恶的或惊人的触犯法律的等异乎寻常的事情，却能长期记忆。因此，在我们身边经常听到、见到的事情，平时也不去注意它，然而，在少年时期所发生的一些事却记忆犹新。那些用相同的目光所看到的事物，那些平常的、司空见惯的事很容易从记忆中漏掉，而一反常态、违背常理的事情，却能铭记不忘。

荒谬记忆法的运用

以下是 20 个项目，只要应用荒谬记忆法，你将能够在一个短得令人吃惊的时间内按顺序记住它们。

地毯 纸张 瓶子 椅子 窗子 电话 香烟 钉子 鞋子 马车
钢笔 盘子 胡桃壳 打字机 麦克风 留声机 咖啡壶 砖 床 鱼

你要做的第一件事是，在心里想到第一个项目的图画"地毯"。你可以把它与你熟悉的事物联系起来。实际上，你要很快就看到任何一种地毯，还要看到你自己家里的地毯，或者想象你的朋友正在卷起你的地毯。

这些你熟悉的项目本身将作为你已记住的事物，你现在知道或者已经记住的事物是"地毯"这个项目。现在，你要记住的事物是第二个项目"纸张"。你必须将地毯与纸张用联想联系在一起，联想必须尽可能地荒谬。例如，想象你家的地毯是纸做的，想象瓶子也是纸做的。

接下来，在床与鱼之间进行联想或将二者结合起来，你可以"看到"一条巨大的鱼睡在你的床上。

现在是鱼和椅子，一条巨大的鱼正坐在一把椅子上，或者一条大鱼被当作一把椅子用，你在钓鱼时正在钓的是椅子，而不是鱼。

椅子与窗子：看见你自己坐在一块玻璃上，而不是在一把椅子上，并感到扎得很痛。或者是你可以看到自己猛力地把椅子扔出关闭着的窗子，在进入下一幅图画之前先看到这幅图画。

窗子与电话：看见你自己在接电话，但是当你将话筒靠近你的耳朵时，你手里拿的不是电话而是一扇窗子。或者是你可以把窗户看成是一个大的电话拨号盘，你必须将拨号盘移开才能朝窗外看，你能看见自己将手伸向一扇窗玻璃去拿起话筒。

电话与香烟：你正在抽一部电话，而不是一支香烟，或者是你将一支大的香烟向耳朵凑过去对着它说话，而不是对着电话筒。或者你可以看见你自己拿起话筒来，一百万支香烟从话筒里飞出来打在你的脸上。

香烟与钉子：你正在抽一颗钉子，或你正把一支香烟而不是一颗钉子钉进墙里。

钉子与打字机：你在将一颗巨大的钉子钉进一台打字机，或者打字机上的所有键都是钉子。当你打字时，它们把你的手刺得很痛。

打字机与鞋子：看见你自己穿着打字机，而不是穿着鞋子，或是你用你的鞋子在打字，你也许想看看一只巨大的带键的鞋子是如何在上边打字的。

鞋子与麦克风：你穿着麦克风，而不是穿着鞋子。或者你在对着一只巨大的鞋子播音。

麦克风和钢笔：你用一个麦克风，而不是一支钢笔写字。或者你在对一支巨大的钢笔讲话。

钢笔和收音机：你能"看见"一百万支钢笔喷出收音机。或是钢笔正在收音机里表演。或是在大钢笔上有一台收音机，你正在那上面收听节目。

收音机与盘子：把你的收音机看成是你厨房的盘子，或是看成你正在吃收音机里的东西，而不是盘子里的。或者你在吃盘子里的东西，并且当你在吃的时候，听盘子里的节目。

盘子与胡桃壳："看见"你自己在咬一个胡桃壳，但是它在你的嘴里破裂了，因为那是一个盘子。或者想象用一个巨大的胡桃壳盛饭，而不是用一个盘子。

胡桃壳与马车：你能看见一个大胡桃壳驾驶一辆马车。或者看见你自己正驾驶一个大的胡桃壳，而不是一辆马车。

马车与咖啡壶：一只大的咖啡壶正驾驶一辆小马车。或者你正驾驶一把巨大的咖啡壶，而不是一辆小马车，你可以想象你的马车在炉子上，咖啡在里边过滤。

咖啡壶和砖块：看见你自己从一块砖中，而不是一把咖啡壶中倒出热气腾腾的咖啡。或者看见砖块，而不是咖啡从咖啡壶的壶嘴涌出。

这就对了！如果你的确在心中"看"了这些心视图画，你再按从"地毯"到"砖块"的顺序记 20 个项目就不会有问题了。

当然，要多次解释这点比简简单单照这样做花的时间多得多。在进入下一个项目之前，只能用很短的时间再审视每一幅通过精神联想的画面。这种记忆法的奇妙是，一旦记住了这些荒谬的画面，项目就会在你的脑海中留下深刻的印象。

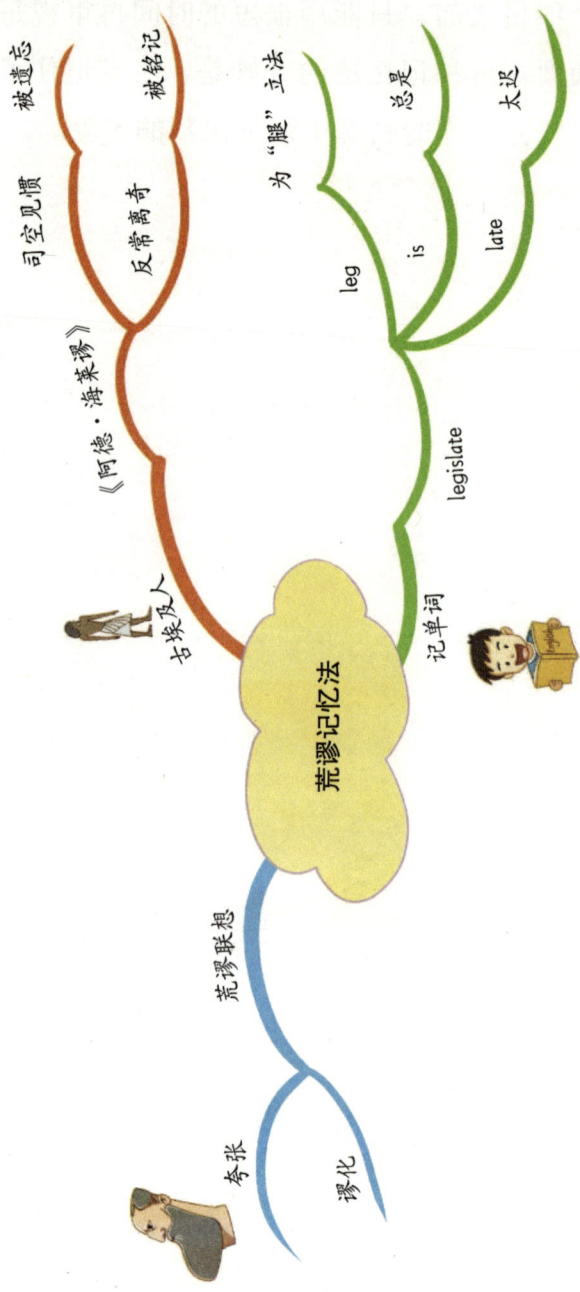

被遗忘 司空见惯

被铭记 反常离奇

《阿德·海莱瑞》

古埃及人

为"腿"立法

总是 is

太迟 late

leg

legislate

记单词

荒谬记忆法

荒谬联想

夸张

谬化

第五节
大胆想象活化你的记忆

成功学励志专家拿破仑·希尔说，每个人都有巨大的创造力，关键在于你自己是否知道这一点。

在当今各国，创造力备受重视，被认为是跨世纪人才必备的素质之一。什么是创造力？创造力是个体对已有知识经验加工改造，从而找到解决问题的新途径，以新颖、独特、高效的方式解决问题的能力。人人都有创造力，创造力的强弱制约着、影响着记忆力的强弱，创造力越强，记忆的效率就越高，反之则低。

这是因为要有效记忆就必须大胆地想象，而生动、夸张的想象需要我们拥有灵活的创造力，如果创造力也得到了很大的锻炼，记忆力自然会随着提升。

创造力有以下三个特征。

变通性：思维能随机应变，举一反三，不易受功能固着等心理定式的干扰，因此能产生超常的构想，提出新观念。

流畅性：反应既快又多，能够在较短的时间内表达出较多的观念。

独特性：对事物具有不寻常的独特见解。

我们可以通过以下几种方法激发创造力，从而增强记忆力。

问题激发原则

有些人经常接触大量的信息，但并没有把所接触的信息都存储在大脑里，这是因为他们的大脑里没有预置要搞清或有待解决的问题。如果头脑里装着问题，大脑就处于非常敏感的状态，一旦接触信息，就会从中把对解决问题可能有用的信息抓住不放，从而加大了有效信息的输入量，这就是问题激发。

使信息活化

信息活化是指一种信息越能同其他更多的信息进行联结，这种信息的活性就越强。储存在大脑里的信息活性越强，在思考过程中，就越容易将其进行重新联结和组合。促使信息有活性的主要措施有以下几点。

（1）打破原有信息之间的关联性。

（2）充分挖掘信息可能表现出的各种性质。

（3）尝试着将某一信息同其他信息建立各种联系。

信息触发

人脑是一个非常庞大而复杂的神经网络，每一次的信息存储、调用、加工、联结、组合，都促使这种神经在一定程度上发生了变化。变化的结果使原来不太畅通的神经通道变得畅通一些，本来没有发生联结的神经细胞突然联结了起来，这样一来，神经网络就变得复杂，神经元之间的联系就更广泛，大脑也就更好使。

同时，当某些神经元受信息的刺激后，它会以电冲动的形式向四周传递，引起与之相联结的神经元的兴奋和冲动，这种连锁反应，在脑皮质里形成了大面积的活动区域。

可见，"人只有在大量的、高档的信息传递场中，才能使自己的智力获得形成、发展和被开发利用"。经常不断地用各种各样的信息去刺激大脑，促进创造性思维的发展和提高，这就是信息触发原理。

总之，创造力不同于智力，创造力包含了许多智力因素。一个创造力强的人，必须是一个善于打破记忆常规的人，并且是一个有着丰富的想象力、敏锐的观察力、深刻的思考力的人。而所有这些特质，都是提升记忆力所必需的，毋庸置疑，创造力已经成为创造非凡记忆力的本源和根基。

对于如何激活自己的创造力，你可以加上自己的思考，试着画出一幅个性思维导图来。

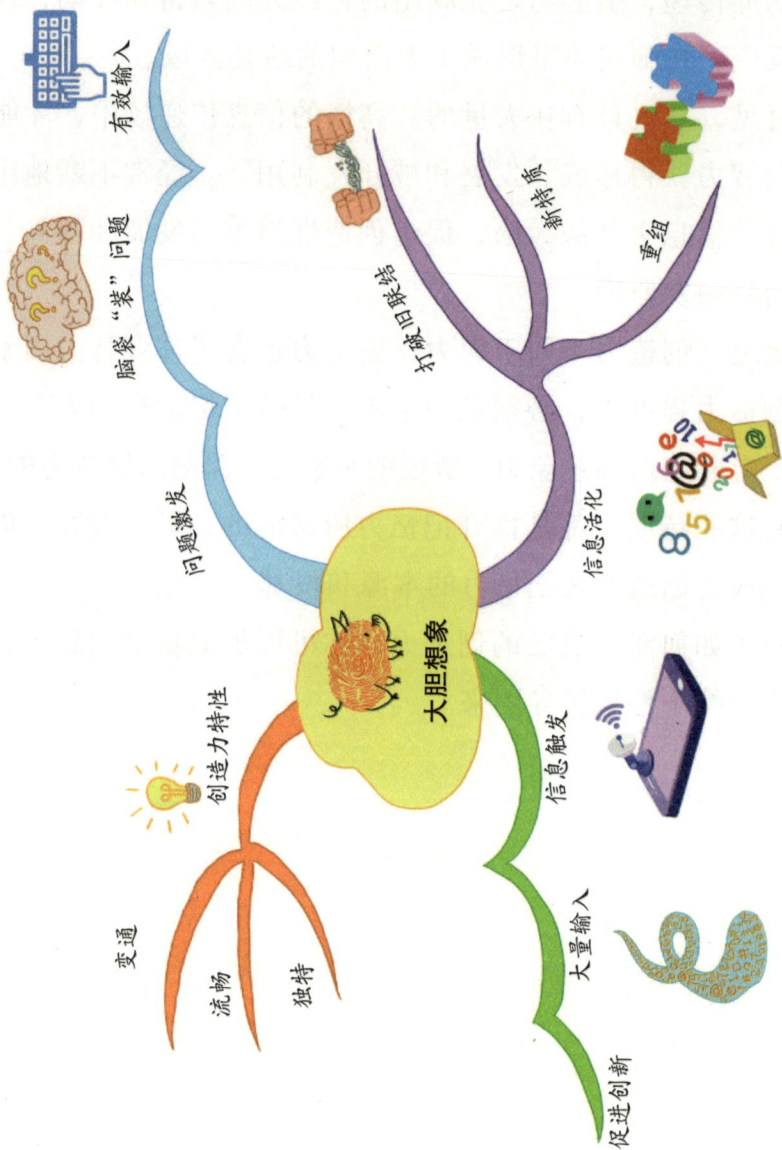

大胆想象

问题激发
　脑袋 "装" 问题
　有效输入

打破旧联结
　新特质
　重组

信息活化

创造力特性
　变通
　流畅
　独特

信息触发
　大量输入
　促进创新

第六节
神奇比喻降低理解难度

　　比喻记忆法就是运用修辞中的比喻方法，使抽象的事物转化成具体的事物，从而符合右脑的形象记忆能力，达到提高记忆效率的目的。人们写文章、说话时总爱打比方，因为生动贴切的比喻不但能使语言和内容显得新鲜有趣，而且能引发人们的联想和思索，并且容易加深记忆。

变未知为已知

　　例如，孟繁兴在《地震与地震考古》中讲到地球内部结构时曾以"鸡蛋"作比："地球的结构分为地壳、地幔和地核三大部分。整个地球，打个比方，它就像一个鸡蛋，地壳好比是鸡蛋壳，地幔好比是蛋白，地核好比是蛋黄。"像这样，把那些尚未了解的知识与已有的知识经验联系起来，人们便容易理解和掌握。

　　再如，沿海地区刮台风，内地绝大多数人只是耳闻，未曾目睹，而读了诗人郭小川的诗歌《战台风》后，便有身临其境之感。"烟雾迷茫，好像十万发炮弹同时炸林园；黑云乱翻，好像十万只乌鸦同时抢麦田"；"风声凄厉，仿佛一群群狂徒呼天抢地咒人间；雷声呜咽，仿佛一群群恶狼狂嚎猛吼闹青山"；"大雨哗哗，犹如千百个地主老爷一齐挥皮鞭；雷电闪闪，

73

犹如千百个衙役腿子一齐抖锁链"。

变平淡为生动

例如，朱自清在《荷塘月色》中写到花儿的美时这么说："层层的叶子中间，零星地点缀着些白花，有袅娜地开着的，有羞涩地打着朵儿的；正如一粒粒的明珠，又如碧天里的星星。"

变深奥为浅显

东汉学者王充说："何以为辩，喻深以浅。何以为智，喻难以易。"就是说应该用浅显的话来说明深奥的道理，用易懂的事例来说明难懂的问题。

运用比喻，还可以帮助我们很快记住枯燥的概念公式。例如，有人讲述生物学中的自由结合规律时，用篮球赛来做比喻加以说明：比赛时，同队队员必须相互分离，不能互跟。这好比同源染色体上的等位基因，在形成 F1 配子时，伴随着同源染色体分开而相互分离，体现了分离规律。比赛时，两队队员之间，可以随机自由跟人。这又好比 F1 配子形成基因类型时，位于非同源染色体上的非等位基因之间，机会均等地自由组合，即体现了自由组合规律。篮球赛人所共知，把枯燥的公式比作篮球赛，自然就容易记住了。

变抽象为具体

将抽象事物比作具体事物可以加深记忆效果。如地理课上的气旋可以比成水中旋涡。某老师在教学生计算机时，用比喻来介绍"文件名""目录""路径"等概念，将"文件"和"文件名"形象地比作练习本和在练习本封面上写姓名、科目等；把文字输入称为"做作业"。各年级老师办公室就像是"目录"；如果学校是"根目录"的话，校长要查看作业，先到办公室通知教师，教师到教室通知学生，学生出示相应的作业，这样的顺序就是"路径"。这样的形象比喻，会使学生觉得所学的内容形象、生动，从而增强记忆效果。

又如，唐代诗人贺知章的《咏柳》诗：

> 碧玉妆成一树高，万条垂下绿丝绦。
> 不知细叶谁裁出，二月春风似剪刀。

春风的形象并不鲜明，可是把它比作剪刀就具体形象了。使人马上领悟到柳树碧、柳枝绿、柳叶细，都是春风的功劳。于是，这首诗便记住了。

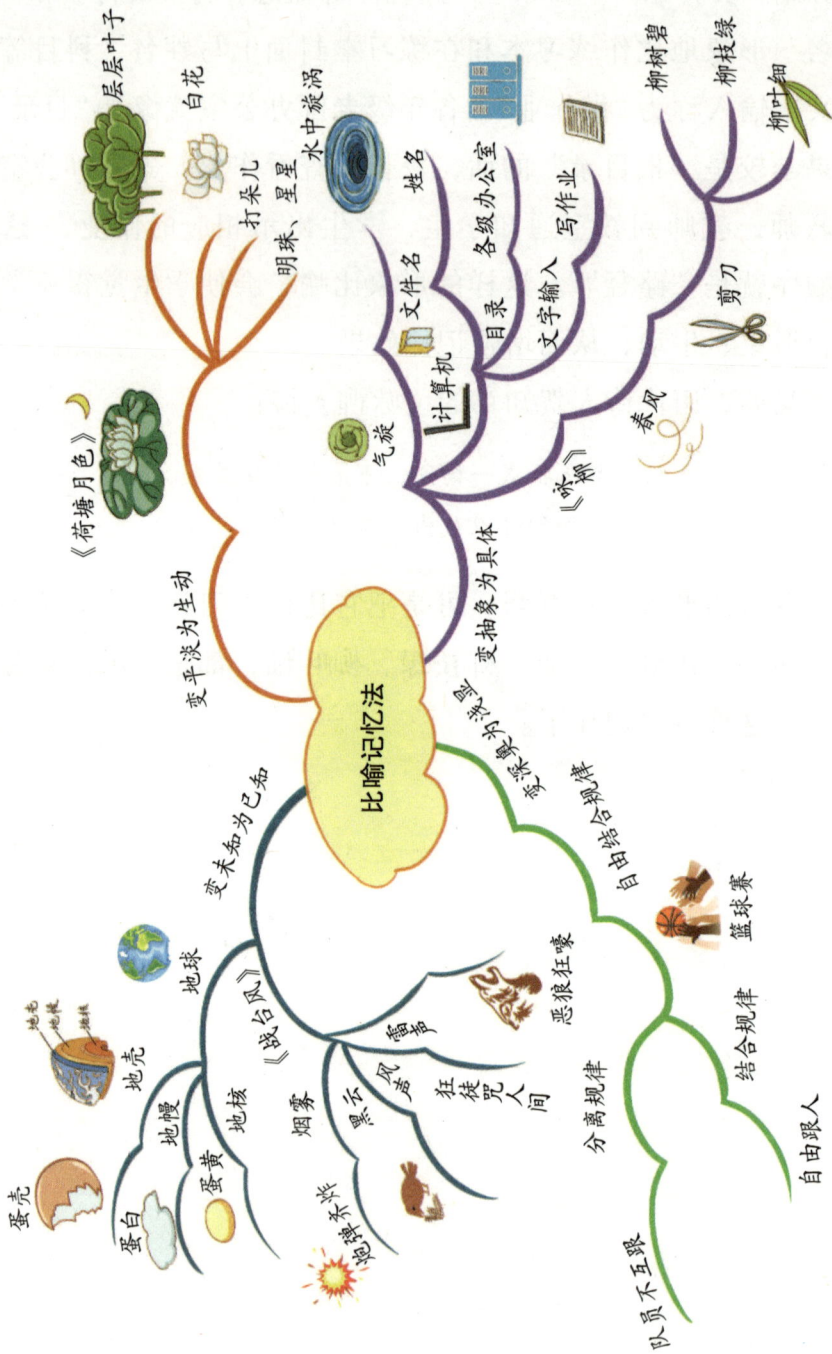

比喻记忆法

变平淡为生动

《荷塘月色》

层层叶子
白花
打朵儿
明珠、星星
水中漩涡

变抽象为具体

气旋

计算机
文件名
姓名
目录
各级办公室
文字输入
写作业

《咏柳》

柳树碧
柳枝绿
柳叶细
剪刀
春风

变未知为已知

变深奥为浅显

《谈台风》

地球
地壳
地幔
地核
蛋壳
蛋白
蛋黄
地球爆炸
烟雾
黑云
狂风骤雨
噩梦
兔人间

自由结合规律

篮球赛
恶狼捕羊
结合规律
分离规律
队员不互跟
自由跟人

第七节
另类思维深化记忆

"零"是什么，是一个很有趣味性的创造性思维开发训练活动。"零"或"O"是尽人皆知的一种最简单的文字符号。这里，除了数字表意功能以外，请你发挥创造性想象力，静心苦想一番，看看"O"到底是什么，你一共能想出多少种，想得越多越好，一般不应少于 30 种。

为了使你能尽快地进入角色，现作如下提示：有人说这是零，有人说这是脑袋，有人说这是地球，有人说这是宇宙。几何教师说"是圆"，英语老师说"是英文字母 O"，化学老师讲"是氧元素符号"，美术老师讲"画的是一个蛋"。幼儿园的小朋友们认为"是面包圈""是铁环""是项链""是孙悟空头上的金箍""是杯子""是叔叔脸上的小麻坑"……

另类思维就是能对事物做出多种多样的解释。

之所以说另类思维创造记忆天才，是因为所谓"天才"的思维方式和普通人的传统思维方式是不同的。一般记忆天才的思维主要有以下几个方面。

思维的多角度

记忆天才往往会发现某个他人没有采取过的新角度。这样培养了他的观察力和想象力，同时也能培养思维能力。通过对事物多角度的观察，在对问题认识的不断深入中，就记住了要记住的内容。

大画家达·芬奇认为，为了获得有关某个问题的构成的知识，首先要学会如何从许多不同的角度重新构建这个问题。他觉得，他看待某个问题的第一种角度太偏向于自己看待事物的通常方式，他就会不停地从一个角度转向另一个角度，重新构建这个问题。他对问题的理解和记忆就随着视角的每一次转换而逐渐加深。

善用形象思维

伽利略用图表形象地体现出自己的思想，从而在科学上取得了革命性的突破。天才们一旦具备了某种起码的文字能力，似乎就会在视觉和空间方面形成某种技能，使他们得以通过不同途径灵活地展现知识。当爱因斯坦对一个问题做过全面的思考后，他往往会发现，用尽可能多的方式（包括图表）表达思考对象是必要的。他的思想是非常直观的，他运用直观和空间的方式思考，而不用沿着纯数学和文字的推理方式思考。爱因斯坦认为，文字和数字在他的思维过程中发挥的作用并不重要。

天才设法在事物之间建立联系

如果说天才身上突出体现了一种特殊的思想风格，那就是把不同的对象放在一起进行比较的能力。这种在没有关联的事物之间建立关联的能力使他们能很快记住别人记不住的东西。

德国化学家弗里德里·凯库勒梦到一条蛇咬住自己的尾巴，从而联想到苯分子的环状结构。

天才善于比喻

亚里士多德把善于比喻看作天才的一个标志。他认为，那些能够在两种不同类事物之间发现相似之处并把它们联系起来的人具有特殊的才能。如果相异的东西从某种角度看上去确实是相似的，那么，它们从其他角度看上去可能也是相似的。这种思维能力加快了记忆的速度。

创造性思维

我们的思维方式通常是复制性的，即以过去遇到的相似问题为基础。

相比之下，天才的思维则是创造性的。遇到问题时，他们会问："能有多少种方式看待这个问题？""怎么反思这些方法？""有多少种解决问题的方法？"他们常常能对问题提出多种解决方法，而有些方法是非传统的，甚至可能是奇特的。

运用创造性思维，你就会找到尽可能多的可供选择的记忆方法。

诺贝尔奖获得者理查德·费因曼在遇到难题的时候总会萌发出新的思考方法。他觉得，自己成为天才的秘密就是不理会过去的思想家们如何思考问题，而是创造出新的思考方法。你如果不理会过去的人如何记忆，而是创造新的记忆方法，那你总有一天也会成为记忆天才。

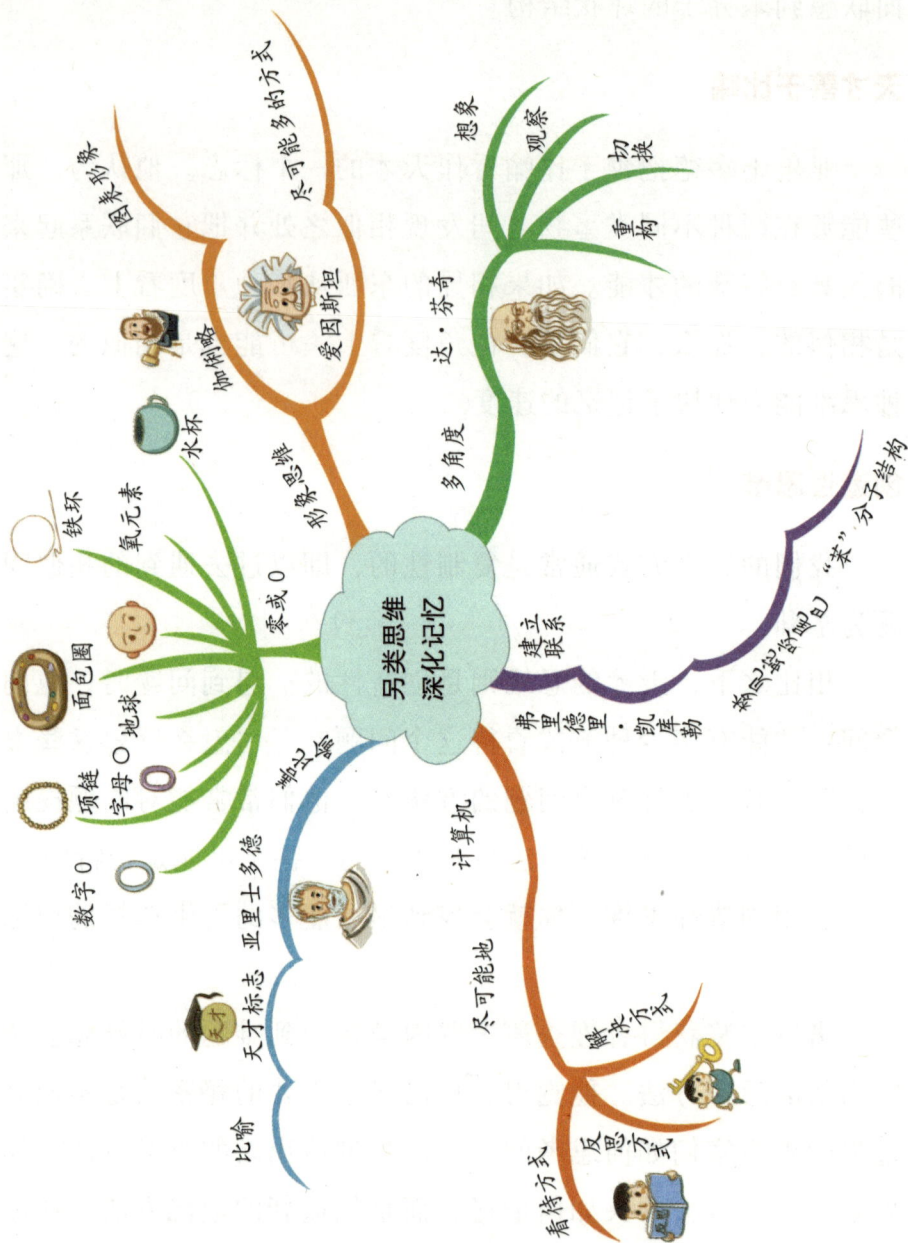

中心主题：**另类思维 深化记忆**

想象
观察
切换
重构
达·芬奇
多角度

图形象形
尽可能多的方式
爱因斯坦
伽俐略
水杯
形象思维

铁环
氧元素
零或0
面包圈
地球
字母O
项链
数字0

天才标志
亚里士多德
比喻
海马体

计算机
弗里德里·凯库勒
建立联系
苯"苯"分子结构
稍同都的叫阿包

尽可能地
解决方案
看待方式 反思方式

第八节
左右脑并用创造神奇记忆效果

左右脑分工理论告诉我们，运用左脑，过于理性；运用右脑，又容易流于感性。从IQ（学习智能指数）到EQ（心的智能指数），便是左脑型教育沿革的结果。而将"超个人"这种所谓的超常现象，由心理学的层面转向学术方面的研究，更代表了人们有意再度探索全脑能力的决心。

若能持续地进行右脑训练，进而将左脑与右脑好好地、平衡地加以开发，则记忆就有了双管齐下的可能：由右脑承担形象思维的任务，左脑承担逻辑思维的重任，左右脑协调，以全脑来控制记忆过程，自然会取得出人意料的高效率。

发挥大脑右半球记忆和储存形象材料的功能，使大脑左右两半球在记忆时，都共同发挥作用，使大脑主动去运用它本身所独有的"右脑记忆形象材料的效果远远好于左脑记忆抽象材料的效果"这一规律。这样实践的效果，理所当然地会使人的记忆效率事半功倍，实现提升记忆力的目的。

使左右半脑交叉活动

交叉记忆是指记忆过程中，有意识地交叉变换记忆内容，特别是交叉记忆那些侧重于形象思维与侧重于抽象逻辑思维的不同质的学习材料，以使大脑较全面地发挥作用。记忆中，还可以利用一些相辅相成的手段使大脑两半球同时开展活动。

进行全脑锻炼

全脑锻炼是指在记忆中，要注意使大脑得到全面锻炼。大脑皮层在机能上有精细的分工，但其功能的发挥和提高还要靠后天的刺激和锻炼。由于大脑皮层上有多种机能中枢，要使这些中枢的机能都发展到较高水平，就应在用脑时注意使大脑得到全面的锻炼。

比如在记忆语言时，由于大脑皮层有 4 个有关语言的中枢：说话中枢、书写中枢、听话中枢和阅读中枢，所以为了使这些中枢的机能都得到锻炼，就应当在记忆时把说、写、听、读这几种方式结合起来，或同时进行这几种方式的记忆。

我们以学习语言为例，说明如何左右脑并用。为了学会一门语言，一方面必须掌握足够的词汇，另一方面必须能自动地把单词组成句子。词汇和句子都必须机械记忆，如果你的记忆变成推理性的或逻辑性的记忆，你就失去了讲一种外语所必需的流畅，进行阅读时，成了一字字地翻译了。这种翻译式的分析阅读是左脑的功能，结果是越读越慢，理解也就更难，全靠死记某个外语单词相应的汉语单词是什么来分析。

发挥左右脑功能并用的办法学语言是用语言思维，例如，学英语单词"bed"时，应该在头脑中浮现出"床"的形象来，而不是去记"床"这个字。为什么学习本国语言容易呢？因为从小学习就是从实物形象入手。说到"暖水瓶"，谁都会立刻想起暖水瓶的形象来，而不是浮现出"暖水瓶"三个字形来，说到动作你的脑海中会浮现出相应的动作，所以学得容易。我们学习外语时，如能让文字变成图画，在你眼前浮现出形象来，这就需要右脑起作用了。每个句子给你一个整体的形象，根据这个形象，通过上下文来判别，理解得就更透了。教育学、心理学领域的很多研究结果也显示，充分利用左右脑来处理多种信息对学习才是最有效的。

关于左右脑并用，保加利亚的教育家洛扎诺夫创造的被称为"超级记忆法"的记忆方法最具有代表性。这种方法的表现形式中最引人注目的步骤之一，是在记忆外语的同时，播放与记忆内容毫无关系的动听的音乐。洛扎诺夫解释说，听音乐要用右脑，右脑是管形象思维的，学语言用左脑，左脑是管逻辑思维的。他认为，大脑的两半球并用比只用一半要好得多。

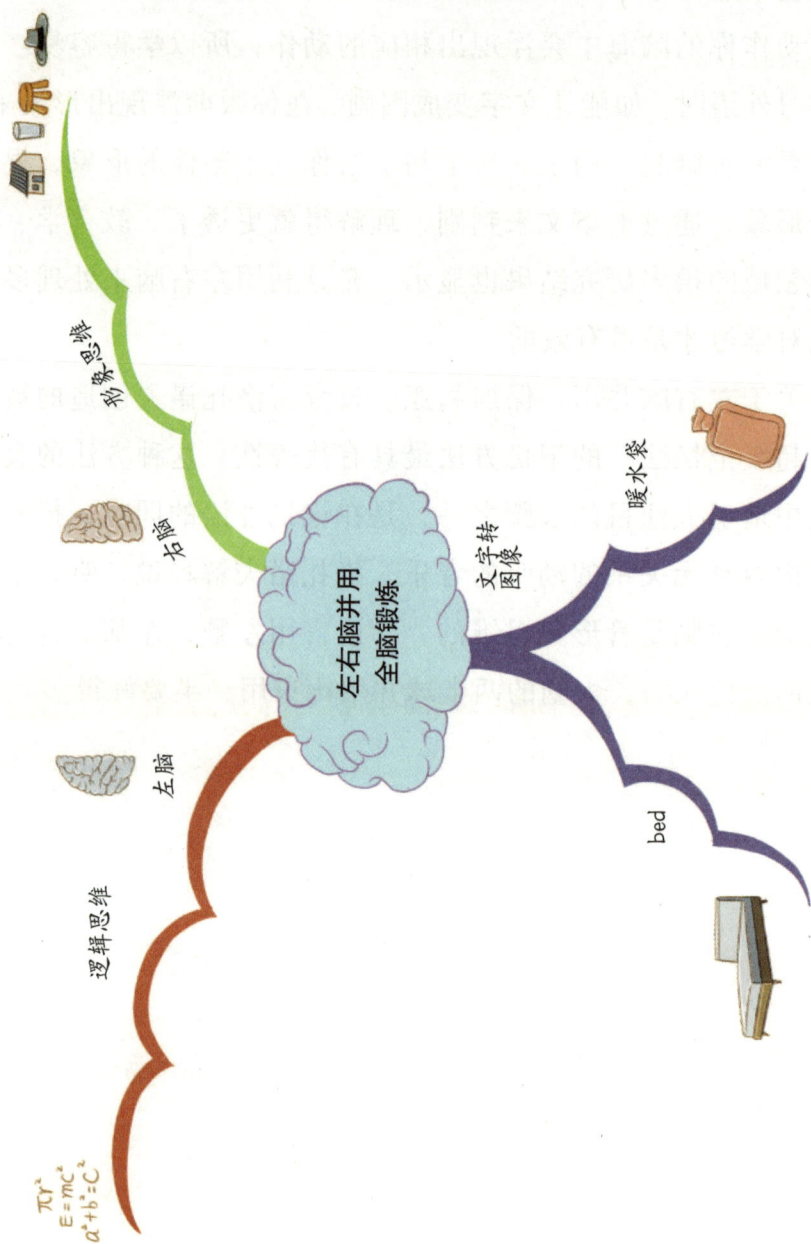

逻辑思维

左脑

右脑

形象思维

左右脑并用
全脑锻炼

文字转
图像

暖水袋

bed

πr^2
$E = mc^2$
$a^2 + b^2 = c^2$

第四章

画出来的
高清记忆

第一节
高效课堂是重中之重

高效的学习者听课都有一个特点，那就是"听课要听细节"，也就是有效听课。

其中，有效听课的 8 个具体细节如下。

留意开头和结尾

老师在讲课时，开头一般是概括上节课的要点，指出本节课要讲的内容，把旧知识联系起来的环节，要仔细听清。老师在每节课结束前，一般会有一个小结，这也是听课的重点所在。

留意老师讲课中的提示

我们在听课中，经常能听到老师提示大家"大家注意了""这一点很重要""这两个容易混淆""这是不常见的错误""这些内容说明""最后"等字眼，这些词句往往暗示着讲课中的要点，应该给予足够的重视。

学会带着问题听课

善于学习的人几乎都有一个好习惯，即他们善于带着问题去听课。听课不是照搬老师的讲课内容，而应积极思考，学会质疑，解决困惑。带着问题去听课可以提高注意力效率，可以在听课的时候有所选择，大脑也不容易感到疲劳，不仅听课效率高而且会更轻松。

留意教师讲解的要点

听课过程中，我们应该留意老师事先在备课中准备的纲要是什么，上课时，老师是怎样围绕这个提纲进行讲解的。我们在力求抓住它、听懂它、理解它的同时，还可以通过听讲、练习、问答、看课本、看板书等途径，边听边明确要点和纲要，弄懂知识的内在联系。

留心老师分析问题的思路

各学科知识之间都有前因后果、上关下联的逻辑关系，有时可以相互推理，思路互通。

在理科中表现得比较明显，比如一个定理、一条定律、一道习题，都有具体的思维方法，我们用心留意老师分析问题的思路和方法，仔细揣摩，就能轻松获得灵活的思维能力，越学越出色。

留意板书归纳和反复强调之处

不言而喻，反复强调的地方往往是重要的或难以理解的内容，板书归纳不仅重要，而且具有提纲挈领的作用。要注意在听清讲解、看清板书的基础上思考、记忆，并且做好笔记，便于以后重点复习。

留心老师如何纠错

每个人都有做错题的时候，当老师在为同学纠错的时候，不管是你做错的题或者是别人做错的题，你都应该留心。如果你能对这些容易做错的题保持足够的警惕，那么以后就能有效地避免犯同样的错误，千万不要以为别人做错的题与你无关。

留意老师对知识点的概括和总结

几乎每个老师都会在上完一堂课或讲过某些知识点之后进行概括和总结，这些总结是课堂知识的精华，也是考试的重点，应该好好理解和掌握。

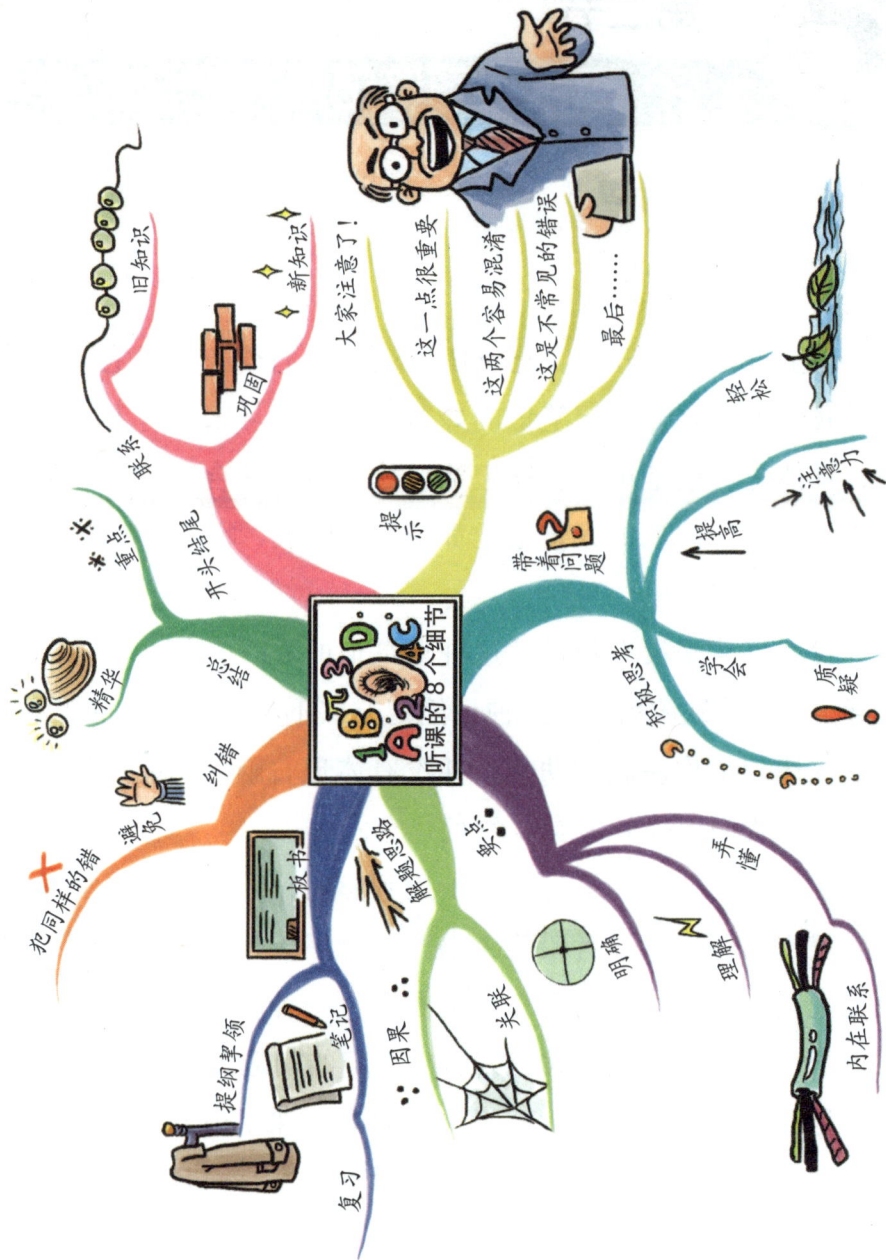

听课的8个细节

页码 89

第二节

思维导图笔记提升记忆效率

从上学第一天开始，爸爸妈妈就为我们准备好了笔记本，告诉我们上课要养成记笔记的好习惯。但是从来没有人告诉我们，具体怎样记笔记，怎样记笔记才是最科学合理的。几乎可以说，世界上 99% 的人记笔记都是一个模式，那就是依靠文字、直线、数字和次序。

我们也从来没有想过，这种记笔记的方式有什么不妥。但实际上，它的缺陷就是，这种记笔记方式不是一套完整的工具，它仅仅体现了你左脑的功能，却没有体现右脑的功能，因为右脑可以让我们感受到节奏、颜色、空间等。

我们习惯的那种笔记，很少用到彩色，一般我们习惯了只用黑墨水、蓝墨水或者铅笔去书写。有些人很多年也只用一种颜色记笔记、写作业。现在回头看看，一种颜色的笔记真是单调极了，而且还封锁了我们大脑中无穷的创造力。

另外，这种直线型笔记仅仅是对老师课堂内容的机械地不完全的复制，相互之间没有关联、没有重点；而且很多学生忙于记录，没有时间真正地去思考，久而久之，就养成了记忆知识而不是思考知识的习惯，容易形成思维惰性。

也可以说，这种传统的记笔记方式，只利用了我们一半的大脑，同时，照字面意义去理解笔记内容，我们的智能被减了一半。

这种颜色单一的笔记，容易对我们的大脑产生负面影响，比如，容易走神、逃避问题、转移注意力、大脑空白、做白日梦、昏昏欲睡。

相比较传统笔记其存在埋没了关键词、不易记忆、笔记枯燥、浪费时间、不能有效刺激大脑、阻碍大脑作出联想等诸多缺陷，思维导图笔记就是一种最佳的思维方式，它运用丰富的色彩和图像，可以充分反映出空间感、维度和联想能力，能彻底解放我们的创造力。

思维导图记笔记的方式可以对我们的记忆和学习产生以下巨大的影响。

记忆相关的词可以节省50%到95%的时间；

读相关的词可节省90%左右的时间；

复习思维导图笔记可节省90%的时间；

可集中精力于真正的问题；

让重要的关键词更为显眼；

关键词可灵活组合，改善创造力和记忆力；

易于在关键词之间产生清晰合适的联想；

画图过程中，会有更多新的发现和新的思想产生；

……

大脑不断地利用其皮层技巧，越来越清醒，越来越愿意接受新事物。

其实，做思维导图笔记的步骤和上一篇所讲到的如何"让一本书变成一张纸的思维导图"步骤差不多。

在记笔记的过程中，我们可以一边听讲，一边画一幅思维导图，并在讲解者进行的时候找出一些基本概念，做成一个大概的框架。也可以在听完讲解以后，编辑并修正你的思维导图笔记，从而在修订的过程中，让信息产生更广泛的意义，因而也加强了你对它的理解。

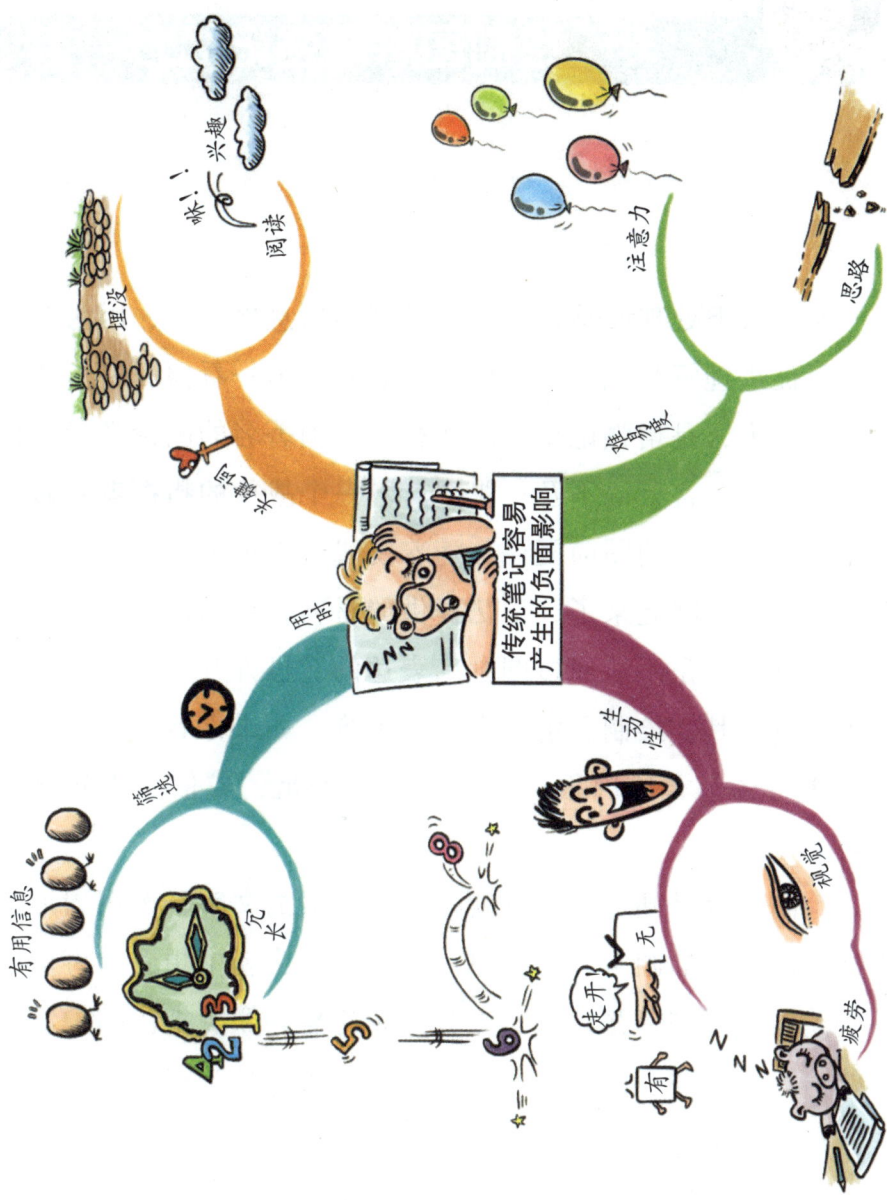

传统笔记容易产生的负面影响

第三节
绘制图解增强记忆力

　　通常人类处理或整理眼睛所看到的信息更容易，因为图像信息可促进理解与记忆，因此训练能制作出一看便一目了然的图像的能力，是增强记忆力的捷径。美国著名的图论学者哈拉里说过："千言万语不及一张图。"一个战役的指挥者要做决策时，往往站在地图前凝思，随着视线中出现的一个个地名与标号，记忆活跃起来了，记忆提供的材料，帮助他制订作战方案。没有什么是不能通过图画来表达的，也许开始时你会觉得很难绘制，其实绘制图解一点儿也不难。如果你看到一个问题无法进行图解，原因很可能在于信息不足，或信息之间存在矛盾。

　　绘制图解最基本的原则就是放弃成段的文字，改用图形、表格、图表和插画来表达意思。首先，将头脑中想到的事情用一些关键词写在一张纸上，充分运用想象和联想把头脑中浮现出的信息全部写下来，然后用线条把相关事件连接起来，或用一些符号把事件之间的关系表示出来。这样图解就完成了一半。

　　有了整体轮廓之后，再从细节着手，加入一些基本图形或插画，使所有信息都有视觉化的效果。这样的图解更生动、更形象。

图解思维和其他思维一样也要经过训练才能掌握其中的诀窍。绘制图解之前要准备一张大一点的白纸，然后，保持自由的心态，就像在白纸上画画一样，发挥你的想象力。之所以在刚开始绘制图解的时候要使用大一些的纸，是因为最初使用这种方法的时候难免要发生逻辑错误。图解只有具备逻辑性才有说服力，必须经过不断练习才能使错误逐渐减少。这是一个必要的过程。图解思考专家西村克己说："绘制图解不可欠缺的工具是橡皮擦。"

绘制图解首先要明确自己想通过图解解决的问题是什么，是为了更好地理解一篇文章，还是为了制订一项计划，或者为了寻求新颖的创意？明确目标之后，才有搜寻信息的方向，从而绘制出与问题相关的全景图。

绘制图解应注意：

1.着手绘图之前要确定整体的布局和结构，保证完成之后的图解和谐美观。

2.在中心位置绘制你的思考对象，周围留出空白。用简短的大号字表示出要解决的中心问题。这样可以让你的思维向四面八方自由扩展。

3.用图画或图像来代表一些值得关注的思考点。一幅图可以刺激大脑进行想象和联想。图画越生动，越能使大脑兴奋。

4.在绘制过程中尽量使用彩色。色彩同样可以使大脑兴奋，使你的思维更加活跃。而且，色彩可以使信息摆脱呆板、单调、沉闷的气氛，让你的图解变得有趣。

5.将思考对象与由此引发的思考点连接起来，使各个部分的关系明确起来。这样可以使大脑更容易地发挥联想，从而对信息进行有效的理解和记忆。

6.在每条分支上写上关键词，尽量不要使用短语和句子。两三个字的关键词既能指引你的思考方向，又能给思维留下广阔的想象空间。

7.尽量多地使用图形。图解中的图形越多，那么图解的内容就越丰富。但是，要注意图解的美感与和谐度。

8.一张纸解决一个中心问题。如果妄图在一张纸上表达太多的问题，就会让人感到混淆不清，使问题更加难以解决。如果思考对象相当复杂，也可以试着把它分解成两三个项目进行思考。

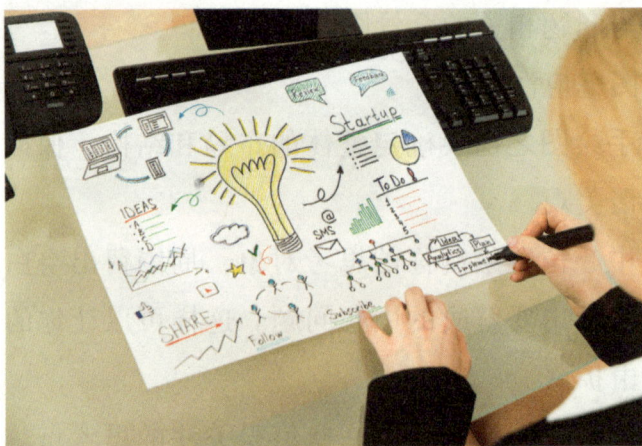

从众多的信息中找到合适的关键词需要一定的技巧。在表达意思的时候，如果修饰词和连接词没有什么意义就可以删除掉，或者用箭头和连线代替。你在平时阅读的时候，可以在能够表达文章中心思想的重要词下画线，用这种方法来训练自己寻找关键词的能力。

　　与思考对象相关的关键词会有很多，如果用单一的颜色或单一的图形来表示就会造成混乱、没有条理。表达关键词有一定的技巧，我们可以把关键词分为三类，用三种颜色或三种不同的图形来表示。假设我们把 A 作为一类，那么与 A 类相反的信息就是 B 类，剩下的其他情况归入 C 类。可以把 A，B，C 分别用红色、黄色、蓝色来表示，或者分别用圆形、方形、三角形来表示。

　　找到与思考对象相关的关键词之后，把意思相近的关键词组合在一起，如果有重复的地方可以擦掉一个。然后，用图形将关键词圈起来，就有了图解的模样。接下来，把有因果关系、包含关系、对立关系的关键词用箭头连接起来。这样你就绘制了一幅全景图。

　　不要一开始就期待绘制出完美的图解，在开始绘图的时候可能把握不好图形的布局和整体结构，不能对信息进行有效的分类处理。俗话说"熟能生巧"，经过一些练习之后，你就能很好地掌握图解的技巧了。

第四节
如何绘制好的图解

　　虽然说图解比文字更能够使信息条理化、更能够帮助人们理解和记忆信息的内容，但是如果使用不当，不但不能使信息条理化，反而会使问题更加复杂。要想绘制出好的图解，我们就要掌握好的图解应该具备哪些特点。

　　什么样的图解是好的图解，什么样的图解是不好的图解呢？其实判断标准很简单，能够实现图解的目的就是好的图解，否则就不是。

　　图解的目的有以下几个方面：

　　1.使问题一目了然，从宏观上展现出思考对象。

　　2.有效地传达信息，防止信息遗漏或重复。

　　3.很好地展示思考点之间的相互关系，比如因果关系、包含关系。

　　4.使信息之间具有逻辑性和顺序性，避免前后矛盾。

　　5.运用颜色和插画可以使图解的内容更丰富、更形象。

　　图解也是一种美学，好的图解不但要有传达信息的功能，还应符合人的审美要求。美观、和谐的图解，让人看了之后赏心悦目，自然也容易接受；单调的、杂乱无章的图解，让人看了就心生厌烦，很难在宏观上把握图解要展现的信息内容。

好的图解应该具有整体感和均衡感。图形和文字的大小要适中，并留有一定的空隙，不要太紧凑，也不要太松散。太紧凑会给人压抑的感觉，太松散则会失去整体感。因此绘制图解时要注意图解中颜色、图形的和谐搭配。

在绘制图解之前，首先要规划图解整体的排版配置，原则上应该是先画好图形，然后再添加文字，画图的时候要同时考虑整体图解的配置。图解的视觉性很强，版面是否和谐非常直观。简言之，能够使原本模糊的信息和逻辑清晰表现出来的图解堪称好的图解。

绘制图解时不要追求复杂化，不要贪图表达太多的信息，简单的、干净利落的图解更容易让人理解。图解高手应该能很好地把握哪些信息是重要的，哪些信息是多余的，然后把多余的删除，留下重要的信息，就能使图解清晰明了。当你想用多张图解说明一个问题的时候，要注意它们在风格上的一致性和逻辑上的关联性。

下面我们再从好的图解和不好的图解的对比关系中把握二者的区别。

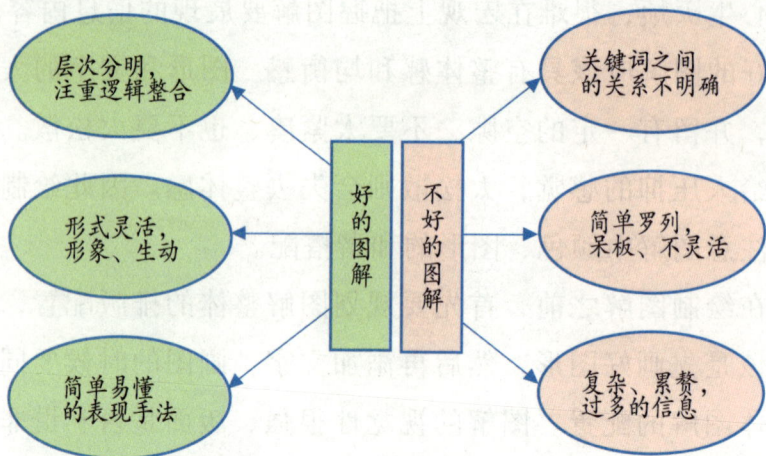

■好的图解与不好的图解对比

　　好的图解要注重关键词之间的逻辑关系，否则图解就会混乱，比文字更加难以理解。要想使图解具有逻辑性，首先要掌握整体轮廓概要，以及各关键词之间的逻辑关系，包括因果关系、包含关系、对立关系、并列关系等。因果关系可以用箭头来表示，包含关系可以用大圆套小圆来表示，对立关系可以用双向箭头来表示，并列关系则可以让两个关键词相互独立。

　　此外，好的图解应该是形式灵活多样的，而不是简单的信息罗列。在绘制图解的过程中，应该大胆尝试运用色彩、阴影、立体化和插画等元素使图解的视觉效果丰富起来。绘制图解时应该大胆删除掉多余的信息，使主要内容清晰明了起来。

　　案例：以下是人们常用的图解，请对比这两个关于如何增加公司效益的方法的图解。

不好的图解：

增加公司效益的方法	
降低成本	增加销量
减少折扣率	减少设备投资
降低加工费用	吸引更多的顾客
增加既有顾客的购买量	给顾客提供优惠条件
加大广告宣传	减少人事费用
减少包装费用	减少水电费用
创立品牌	商品高级化
做各种促销活动	降低固定费用

这个图解只是简单地罗列出了一些关键词，表格两端的内容没有什么逻辑关系，"增加"和"减少"混合在一起，给人杂乱无章的感觉。总之，人们看了这个图解，会感觉条理不清楚、层次不分明，基本上没有起到图解的作用。

好的图解：

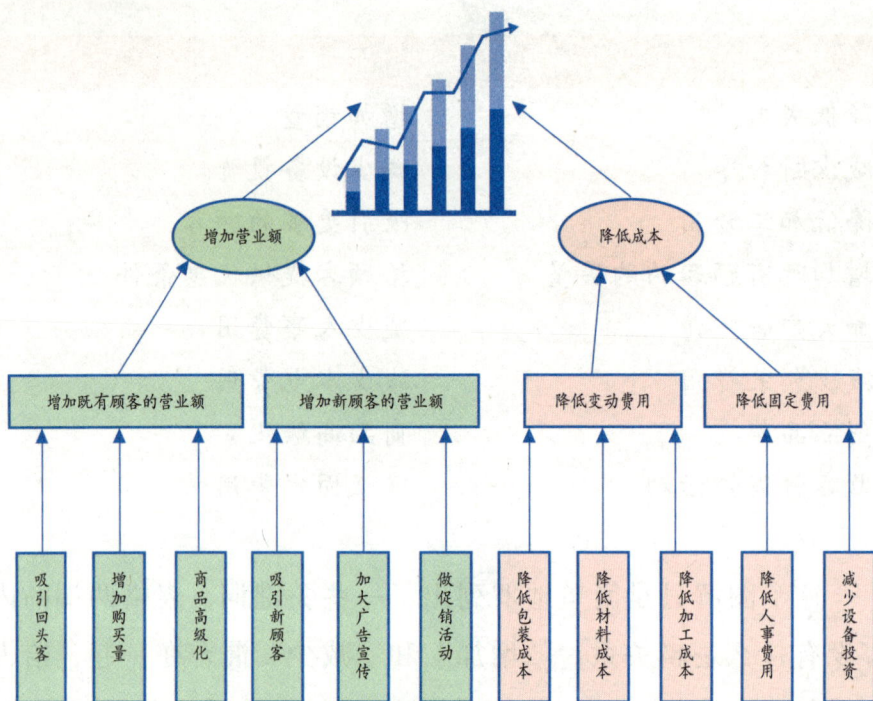

这个图解对各个关键词进行了阶层分组整理，先从总体上把所有的关键词分为两类：增加营业额和降低成本。然后又分别对每一类进行细分，增加营业额的方法又分为增加既有顾客的营业额和增加新顾客的营业额两类，降低成本的方法又分为降低变动费用和降低固定费用两类。所有具体的方法基本上都可以归入这四类，这就使每一具体的方法都与上一层级体现出一定的逻辑关系。另外，色彩、立体效果、阴影效果的运用使整体图解更加生动、形象。

图解记忆法之所以有如此作用，是因为在你写下各级要点并画出表示其相互联系的连线的过程中，你一直在不停地思考、理解和评价相关信息，把它们转化为与你个人经历相关的术语。这种方法对那些视觉智力（与言语智力相反）高度发达的人特别有用，因为逐条总结要点对他们是很大的压力。当然，图解记忆法简便易行，任何人都可以有效地运用。研究表明，使用记忆图与普通的记笔记方法相比，能使回忆效果提高50％。无论是读书、演讲、会议采访等都可以运用记忆图。这样，无论什么时候需要，记忆图都能帮你从脑海中很快提取有关信息。你的记忆图越有创造性，就越有助于你的记忆。

第五节
七大记忆技巧帮你冲高分

在学习过程中，每一个学习者都会面临记忆的难题，在这里，我们介绍一个记忆七大法则，以便我们更好地提高记忆力，获得高分。

利用情景进行记忆

当人们需要记忆很多信息和事物，并且这些信息和事物相互之间没有联系的时候，可以运用自己的联想，把这些故事和信息变成一段简单有趣的小故事，来帮助人们记忆。

比如说，人们要记忆"棒棒糖、狂奔、喜欢、足球、绊倒、汽车、啤酒、警察、哥哥、惊醒"这些词语，就可以编出一个小故事来对这些词语进行情景记忆。

有一天，小明拿着一根棒棒糖走在黑夜之中的马路上，突然从路边蹿出来一条狗，并且直接向小明狂奔了过来，小明很害怕，心想这条狗不会是喜欢上自己了吧，可是自己的内心接受不了啊，于是他掉头就跑。可是跑着跑着，突然被一个足球绊倒。小明站起来继续跑，却发现狗已经开着汽车追了上来。小明见跑不过，于是停下来，掏出一瓶啤酒对追上来的狗说："你先喝点儿啤酒歇歇，我继续跑，一会儿你再追。"于是他继续向前跑。过了一会儿，他突然看见了一个警察站在路上，于是跑上去对警察说："后面有一条狗酒驾。"于是警察把狗抓了起来。这个时候狗才有机会对小明说："我是你失散多年的亲哥哥啊！"于是，小明从梦中惊醒了。

从结果上看，人们要记忆的词语都被编到了这个故事当中，如果把这个故事背诵熟练，那么人们所需要记忆的词语就都能记住了。

利用联想进行记忆

联想是大脑的基本思维方式，一旦你知道了这个奥秘，并知道如何使用它，那么，你的记忆能力就会得到很大的提高。

我们的大脑中有上千亿个神经细胞，这些神经细胞与其他神经细胞连接在一起，组成了一个非常复杂而精密的神经回路。包含在这个回路内的神经细胞的接触点达到 1000 万亿个。突触的结合又形成了各种各样的神经回路，记忆就被储存在神经回路中，这些突触经过长期的牢固结合，传递效率将会提高，使人具有很强的记忆力。

联想和记忆有着密切的关系，联想是最重要的记忆法之一。例如，有时候很熟悉的外语单词，到用的时候一下子就想不起来了，可是这个单词在书本上的什么位置却清晰记得，这样我们就可以想一下这个单词前面是什么词、后面是什么词，这样持续地联想，往往对想起这个单词有很大的帮助。因为这个单词与前面的单词、后面的单词位置很接近，所以在空间上建立起了一种联想。

运用视觉和听觉进行记忆

每个人都有适合自己的记忆方法。视觉记忆力是指对来自视觉通道的信息的输入、编码、存储和提取，即个体对视觉经验的识记、保持和再现的能力。

相对视觉而言，听觉更加有效。由耳朵将听到的声音传到大脑知觉神经，再传到记忆中枢，这在记忆学领域中叫"延时反馈效应"。比如，只看过歌词就想记下来是非常困难的，但要是配合节奏唱的话，就很快能够记下来，比起视觉的记忆，听觉的记忆更容易留在心中。

使用理解记忆

为了使我们记住的东西更深，我们可以把自己记住的东西讲给身边的人听，这是一种比视觉和听觉更有效的记忆方法。

但同时要注意，如果自己没有清楚地理解，就不能很好地向别人解释，也就很难能深刻地记下来。所以理解你要记忆的内容很关键。

我们对事物的理解越深刻，事物就越容易被记忆，保存的时间也越长。我们理解事物主要是理解事物的内部关系和规律，在理解的基础上进行分析和综合，并且与大脑中的其他经验、信息和资料建立一定的牢固联系，所以才不容易遗忘。

及时有效地复习

有一句谚语叫"重复乃记忆之母"，只要复习，就会很好地记住需要记住的东西。不过，有些人不论重复多少遍都记不住要记住的东西，每个人的遗忘周期也不一样，一般是在一个月之内。这跟记忆的方法有关，只要改变一下方法就会获得另一种效果。

我们的大脑也很有意思，它需要充足的睡眠才能保持更好的记忆力。有关实验证明，比起彻夜用功、废寝忘食，睡眠更能保持记忆。睡眠能保持记忆，防止遗忘，主要原因是在睡眠中，大脑会对刚接收的信息进行归纳、整理、编码、存储，同时睡眠期间进入大脑的外界刺激显著减少。我们应该抓紧睡前的宝贵时间，学习和记忆那些比较重要的材料。

不过，既不应睡得太晚，更不能把书本当作催眠曲。有些学习者在考试前进行突击复习，通宵不眠，更是得不偿失。

持续不断地进行记忆努力

有人认为，随着年龄的增长，我们的记忆力会逐渐减退，其实，这是一种错误的认识。

记忆力之所以会减退，与本人对事物的热情减弱，失去了对未知事物的求知欲有很大的关系。对一个善于学习的人来说，记忆时最重要的是要有理解事物背后的道理和规律的兴趣。一个有求知欲的人即便上了年纪，他的记忆力也不会衰退，反而会更加旺盛。

要想提高自己的记忆力，需要不断地锻炼和练习，进行有意识地记忆。比如可以对身边的事物进行有意识的提问，多问几个"为什么"，从而加深印象，提升记忆能力。

及时供给正确的"大脑食物"

葡萄糖——大脑在思考的时候会消耗大脑中的葡萄糖。实验证明，缺乏葡萄糖会影响大脑的思考和记忆能力。新鲜水果和蔬菜、谷类、豆类含有丰富的葡萄糖。

维生素——对于学习者而言，维生素 A、维生素 B_1，以及维生素 C 对保护良好的记忆，减轻脑部疲劳非常有益，学生及脑力劳动者应注意及时补充。富含维生素 A 的食物有动物的肝脏、鱼类、海产品、奶油和鸡蛋等；富含维生素 B_1 的食物较多，如面粉、玉米、豆类、西红柿、辣椒、梨、苹果、哈密瓜等；富含维生素 C 的食物一般是新鲜的蔬菜水果，如苹果、鲜枣、橘子、西红柿、土豆、甘薯等。

胆碱和软磷脂——科学实验证明，一个人在考试前约一个半小时进食富含胆碱和卵磷脂的食物，可以发挥得更好。胆碱含量丰富的食物有：大麦芽、花生、鸡蛋、小牛肝、全麦粉、大米、鳟鱼、薄壳山核桃等；富含卵磷脂的食物有蛋黄、大豆、鱼类、芝麻、蘑菇、山药、黑木耳、谷类、动物肝脏等。

蛋白质——蛋白质是构成大脑的基本物质之一，鱼是补充蛋白质的最好、最重要的健脑食品。蛋白质中的酪氨酸和色氨酸也对大脑起着影响作用。在海产品、豆类、禽类、肉类中含有大量酪氨酸，这是主要的大脑刺激物质。

矿物质——矿物质是调节大脑生理机能的重要物质，一定的矿物质也是活跃大脑的必要元素。钠、锌、镁、钾、铁、钙、硒、铜可以减轻记忆退化和神经系统的衰老，增强系统对自由基的抵抗力。许多水果、蔬菜都含有丰富的矿物质。

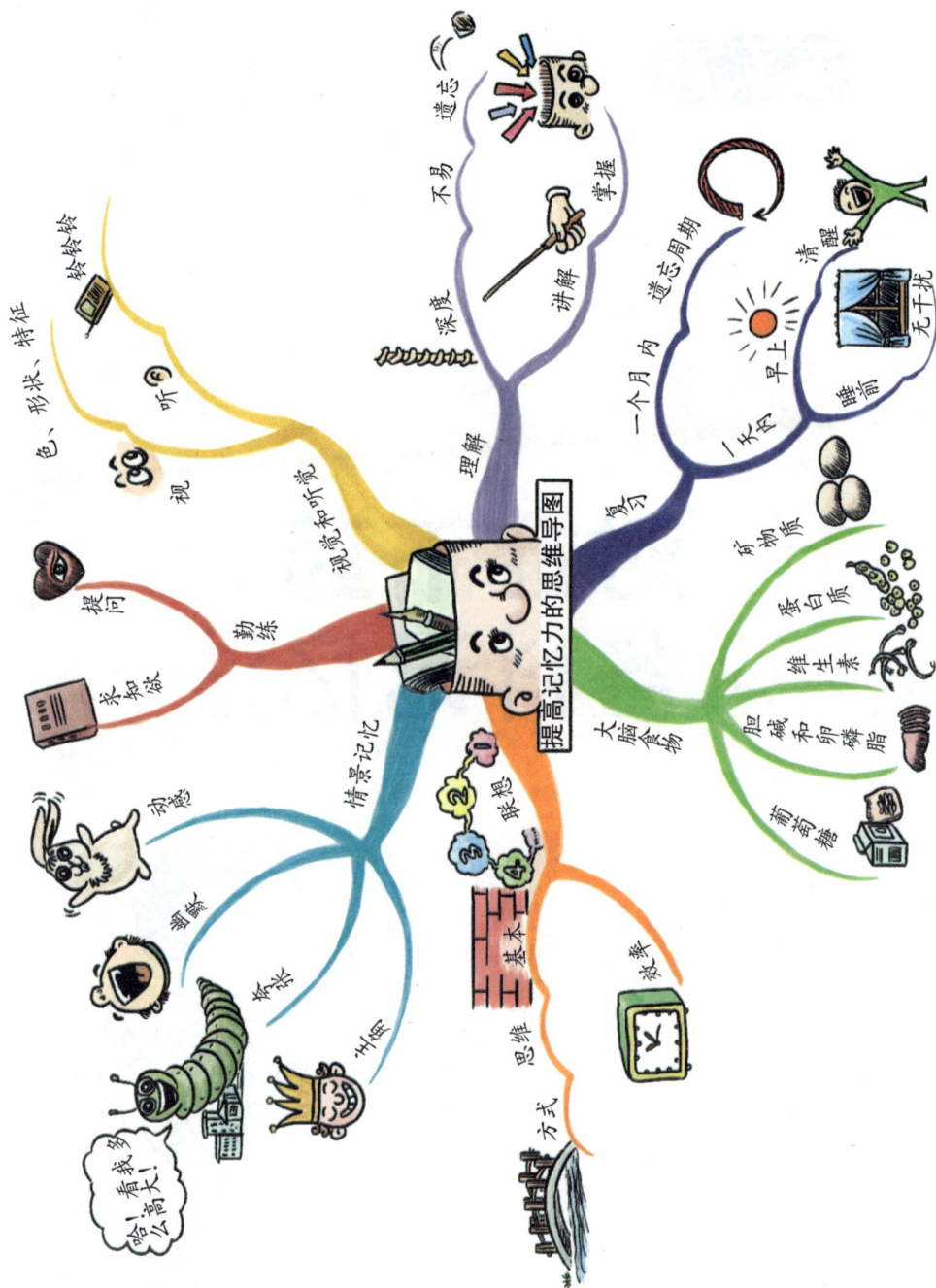

提高记忆力的思维导图

- 不易 遗忘
- 深度 理解
  - 讲解
  - 掌握
- 复习 遗忘周期
  - 一个月内
  - 一天内
  - 早上
  - 睡前
  - 清醒
  - 无干扰
- 视觉和听觉
  - 色、形状、特征
  - 听
  - 视
- 勤练
  - 提问
  - 求知欲
- 情景记忆
  - 动感
  - 幽默
  - 转移
  - 夸张
  - 哈！看我多么高大！
- 联想
  - 1 2 3 4
- 基本
  - 规律
  - 方式
  - 思维
- 大脑食物
  - 矿物质
  - 蛋白质
  - 维生素
  - 胆碱和卵磷脂
  - 葡萄糖

第五章

对症下药，各科记忆法

第一节
英语：背单词不再是苦差事

很多人在学习英语的过程中遇到的最大的问题就是记不住单词，这在很大程度上影响了对英语的学习兴趣，英语成绩自然上不去。我们下面来简单介绍几种单词记忆的方法，这些方法你可以用思维导图的形式总结下来。

谐音法

利用英语单词发音的谐音进行记忆是一个很好的方法。由于英语是拼音文字，看到一个单词可以很容易地猜到它的发音，听到一个单词的发音也可以很容易地想到它的拼写。所以，如果谐音法使用得当，可以真正做到过目不忘。

如英语里的 2 和 to，4 和 for。

quaff *n./v.* 痛饮，畅饮。记法：quaff 音"夸父"→夸父追日，渴极痛饮。

hyphen *n.* 连字号"-"。记法：hyphen 音"还分"→还分着呢，快用连字号连起来吧。

shudder *n./v.* 发抖，战栗。记法：音"吓得"→吓得发抖。

不过，像其他的方法一样，谐音法只适用于一部分单词，切忌滥用和牵强。将谐音用于记忆英文单词并加以系统化是一个尝试。本书在前面已经讲过：谐音法的要点在于由谐音产生的词或词组（短语）必须和词语的词义之间存在一种平滑的联系。用谐音法记忆英语单词时同样要遵循这个要点。

音像法

我们这里所说的音像法就是利用录音和音频等手段进行记忆的方法。该方法在记住单词的同时还可以训练和提高听力，印证以前在课堂上或书本里学到的各种语言现象等。

分类法

把单词简单地分成食品、花卉等，中等的难度可分成政治、经济、外交、文化、教育、旅游、环保等类，难一些的分类是科技、国防、医疗卫生、人权和生物化学等。

这些分类是根据你运用的难度决定的。古人云："举一纲而万目张"，就是有了记忆线索，也就有了记忆的保证。

简单的举例，比如大学一、二、三、四年级学生分别是 freshman、sophomore、junior、senior student，本科生 undergraduate，研究生 postgraduate，博士 doctor，大学生 college graduates，大专生 polytechnic college graduates，中专生 secondary school graduates，小学毕业生 elementary school graduates，夜校 night school，电大 television university，函授 correspondence course，短训班 short-term class，速成班 crash course，补习班 remedial class，扫盲班 literacy class，这么背下来，是不是简单了很多？而且有了比较和分类自然就有了记忆线索。

听说读写结合法

听说读写结合记忆的依据是我们前面所讲到的多种感官结合记忆法。我们可以把所有要背的资料通过电脑录制到自己的MP3里去，根据原文可以录中文，也可以录英文，发音尽量标准，放录音的时候，一定要手写下来。具体做法是：

第一次听写放一个句子，要求每个句子、每个单词都写下来；以后的第二、第三次听写要求听一句话，只记主谓宾和数字等（口译笔记的初步），每听一段原文，暂停写下自己的笔记，然后自己根据笔记翻译出来；再以后几次只要听就可以了，放更长的句子，只根据记忆口述翻译就可以了。这个锻炼很有意思，能把你以前的学习实战化，而且能发现自己发音不准确的地方，能听到自己的声音，知道自己是否有这样或那样的问题有待解决。

学英语，记单词，应该走出几个误区。

过于依赖某一种记忆方法

现在书店里的那些词汇书都在强调自己方法的好处，通用于学习所有词汇。其实这都是片面的，有的单词用词根词缀记忆好用、有的看单词的外观，然后发挥你的形象思维就记下了；有的单词通过把读音汉化就过目不忘。所以千万不要迷信某一种记忆方法。

急功近利

不要奢望一个月内背下一本词汇书。有的同学背了三天，最多坚持一个星期就没信心了。强烈的挫折感打败了你，接下来就没有动静了。所以要循序渐进，哪怕一天背两个单词，坚持下去就很可观。

把背单词当作痛苦

有些人背单词前要刻意选择舒适的环境，这里不能背，那里不能背。一边背单词一边考虑中午吃点什么补充脑力。其实，你的担心是多余的。背单词是挑战大脑极限的乐事，要学会享受它才对。

一页一页地背

有些同学觉得这页单词没背下，就不再往前翻。其实这样做效率非常低，遗忘率也高，挫折感强，见效也慢。

背单词就是重复记忆的过程，错开了时间去记忆单词，可能会多看几个单词，然后以一个长的时间周期去重复，这样达到了重复记忆的目的，减少大脑的厌倦。

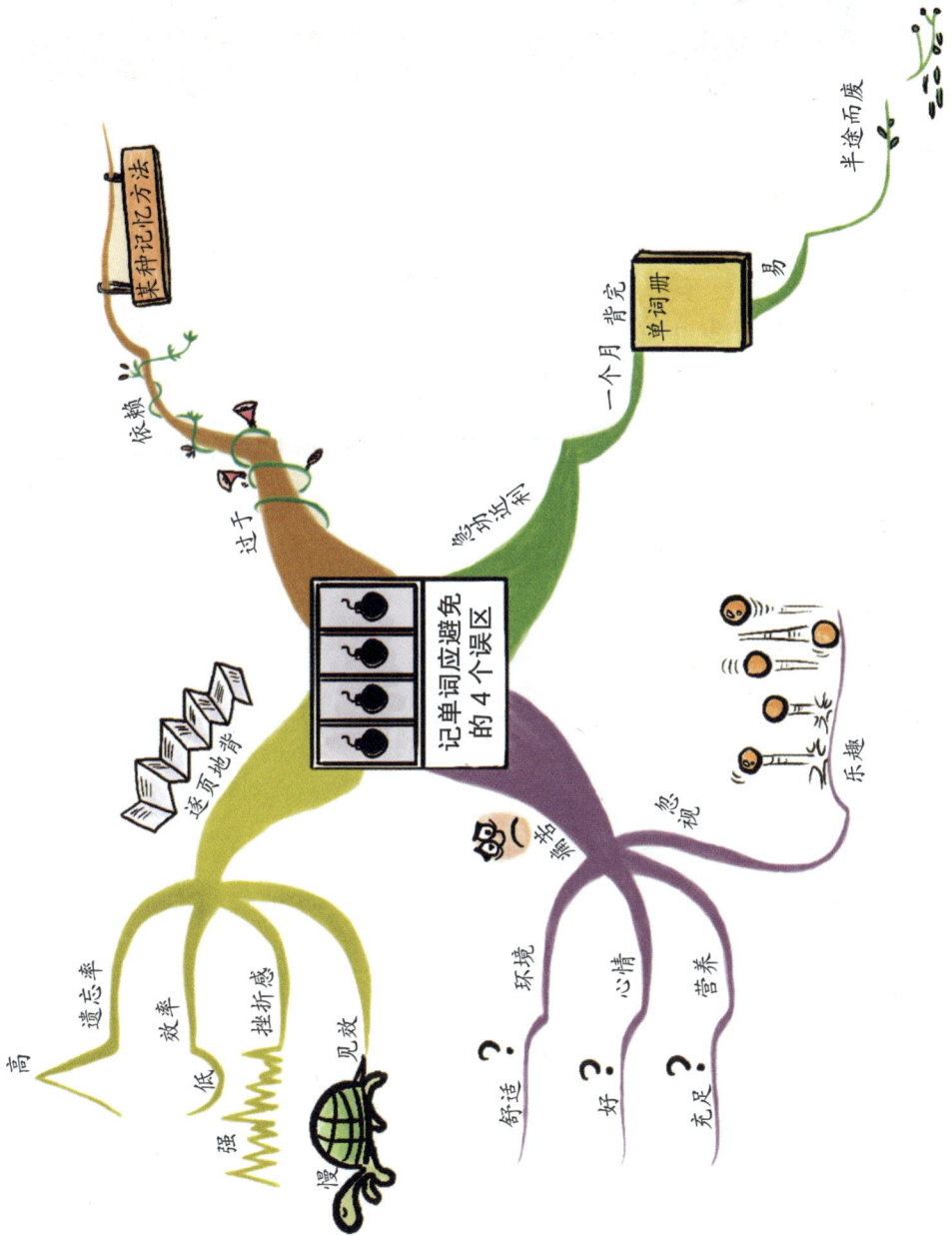

某种记忆方法

依赖

过于

单词册

易

半途而废

一个月背完

急功近利

记单词应避免的 4 个误区

逐页地背

忽视

乐趣

轻视

规律

环境

心情

营养

高

遗忘率

效率

低

强

挫折感

慢

见效

舒适

？

好

？

充足

？

第二节

语文："朗读并背诵全文"

　　语文是青少年必修的基础学科。语文学习的一个重要环节就是记忆。中学阶段是人的记忆发展的黄金时代，如果在学习语文的过程中，青少年能够结合自身的年龄特点，抓住记忆规律，按照科学的记忆方法，必然会取得更好的学习效果。

　　下面简单介绍几种记忆语文知识的方法。

画面记忆法

　　背诵古诗时，我们可以先认真揣摩诗歌的意境，将它幻化成一幅形象鲜明的画面，就能将作品的内容深刻地贮存在脑中。例如，读李白的《望庐山瀑布》时，可以根据诗意幻想出如下画面：山上云雾缭绕，太阳照耀下的庐山香炉峰好似冒着紫色的云烟。远处的瀑布从上飞流而下，水花四溅，犹如天上的银河落下来。记住了这个壮观的画面，再细细体会，也就相当深刻地记住了这首诗。

联想记忆法

　　这是按所要记忆内容的内在联系和某些特点进行分类和联结记忆的一种方法。

举一个简单的例子。例如，若想记住文学作品和作者的名字，我们可以做这样的联想。

有一天，莫泊桑拾到一串《项链》，巴尔扎克认为是《守财奴》的，都德说是自己在冲出《柏林之围》时丢失的，果戈理说是《钦差大臣》的，契诃夫则认定是《装在套子里的人》的。最后，大家去请高尔基裁决，高尔基判定说，你们说的失主都是男的，而男人是不用这东西的，所以，真正的失主是《母亲》。这样一编排，就把高中课本中的大部分外国小说名及其作者联结在一起了，复习时就如同欣赏一组轻快流畅的世界名曲，于轻松愉悦中不知不觉就牢记了下来。

口诀记忆法

汉字结构部件中的"臣"在常用汉字中出现的只有"颐""姬""熙"3个。有人便把它们组编成两句绕口令："颐和园演蔡文姬，熙熙攘攘真拥挤。"只要背出这个绕口令，不仅不会混淆这些带"臣"的字，而且其余带"臣"的汉字，也不会误写。

对比记忆

汉字中有些字形体相似，读音相近，容易混淆，因此有必要加以归纳，通过对比来辨别和记忆。为了增强记忆效果，可将联想记忆法和口诀记忆法也纳入其中。实为对比、归纳、谐音、联想、口诀五法并用。

（1）巳（sì）满，已（yǐ）半，己（jǐ）张口。其中"巳"与4同音，已与1谐音，"己"与"几"同音，顺序为满、半、张对应4、1、几。

（2）用火烧（shāo），用水浇（jiāo），用丝绕（rào），用手挠（náo）；靠人是侥（jiǎo）幸，食足才富饶（ráo），日出为拂晓（xiǎo），女子更妖娆（ráo）。

（3）用手拾掇（duo），用丝点缀（zhuì），辍（chuò）学开车，啜（chuò）泣噘嘴。

（4）输赢（yíng）贝当钱，螺蠃（luǒ）虫相关，羸（léi）弱羊肉补，嬴（yíng）姓母系传。

（5）乱言遭贬谪（zhé），嘀（dí）咕用口说，子女为嫡（dí）系，鸣镝（dí）金属做。

（6）中念衷（zhōng），口念哀（āi），中字倒下念作衰（shuāi）。

（7）言午许（xǔ），木午杵（chǔ），有心人，读作忤（仵）（wǔ）。

（8）横戌（xū）点戍（shù）不点戊（wù），戎（róng）字交叉要记住。

（9）用心去追悼（dào），手拿容易掉（diào），棹（zhào）桨划木船，私名为绰（chuò）号。

（10）点撇仔细辨（biàn），争辩（biàn）靠语言，花瓣（bàn）结黄瓜，青丝扎小辫（biàn）儿。

荒谬记忆法

比如在背诵《夜宿山寺》这首诗时，大部分同学要花5分钟才能把它背出来，可有一位同学只花了一分钟就背出来了，而且丝毫不差，这是什么原因呢？是不是这位同学聪明过人呢？

在同学们疑惑时，他说出了背诵的窍门：这首诗有四句话，只要记住两个词："高手""高人"，并产生这样的联想：住在山寺上的人是一位"高手"，当然又是一位"高人"。背诵时，由每个词再想想每句诗，连起来就马上背诵出来了。看来，这位同学已经学会用奇特联想法来记忆了。

语文有时需要背诵大段大段的文字。背诵时，应先了解全段文字的大意，再把全段文字按意思分成若干相对独立的层。每层选出一些中心词来，用这些中心词联结周围一定量的句子。回忆时，以中心词把句子带出来，达到快速记忆的效果。

记忆故事

人们具有听故事、记故事和再向别人讲故事的能力。很久以前，这是我们了解故事的唯一途径。这些故事被一代一代地传讲下去。与记忆相比，我们今天更依赖于书籍。

记忆故事就像往大脑里写书吗？若是这样，故事本身是否有意义就无关紧要，我们仍然可以把它记在心里，并把它读出来。将下面的故事读给你的朋友听，然后叫他在不回查文本的情况下将它回忆起来。

如果气球爆炸了，爆炸声不会传很远，因为每个人都离气球爆炸的楼层很远。关闭的窗户也阻止了声音的传播，因为大多数大楼都密封得很好。由于整个表演依赖于持续供电，电线断了就会出问题。当然可能会有人喊，但人的声音传得不远。

乐器的琴弦也可能会断，这样就没有伴音。很明显，解决这一问题的最好办法是缩短距离。如果面对面地交流，出现的问题将会降到最少。

被试者不回头查看就很难记住这个故事。研究人员约翰·布兰福德和玛西亚·约翰逊发现，通常被试者只能记住故事中的3~4件事情。这个故事没什么意义，因此很难记。现在尝试自己将故事画成图解给你的朋友看，同时，你把故事再读一遍。这次故事就有了更多的意义。布兰福德和约翰逊发现，看了图解的人能记住故事中的8件事情，这大约是未见过图解的人所记住事情的2倍。这表明，记忆故事，图解比文字更容易让人记住。

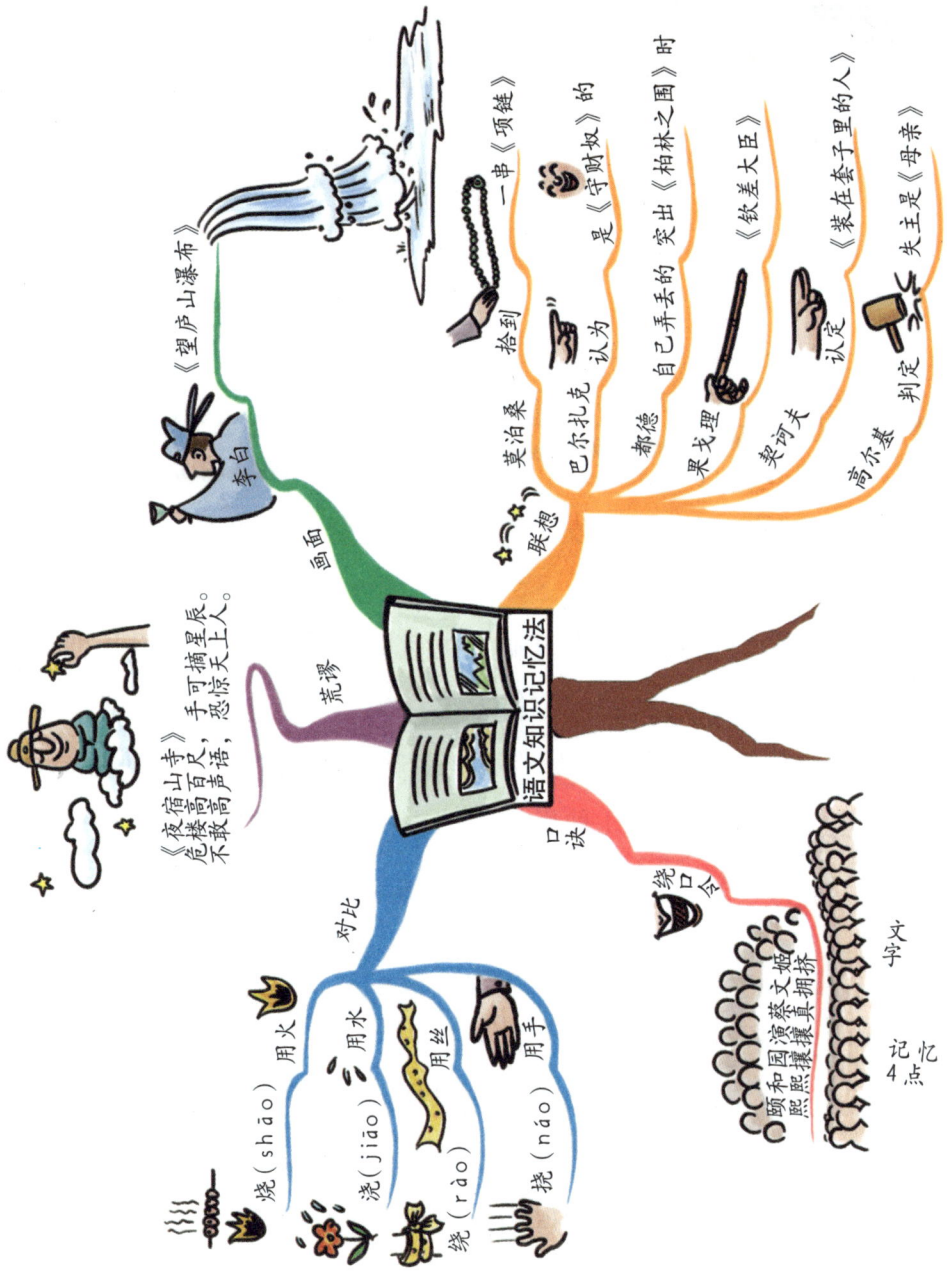

《望庐山瀑布》

李白

画面

联想

一串《项链》

拾到 莫泊桑

"是" 《守财奴》的

认为 巴尔扎克

自己弄丢的 突出《柏林之围》 时

郝德

果戈理 《钦差大臣》

莫泊夫

认定 装在套子里的人》

高尔基

判定 失主是《母亲》

荒谬

《夜宿山寺》
危楼高百尺，手可摘星辰。
不敢高声语，恐惊天上人。

语文知识记忆法

口诀

对比

用火 烧（shāo）

用水 浇（jiāo）

用丝 绕（rào）

用手 挠（náo）

绕口令

颐和园文嬷嬷
熙熙攘攘蔡真捅捅
字文

记
忆
4
点
灵

第三节

数学：思维工具铺就学霸之路

学习数学重在理解，但一些基本的知识，还是要能记住，用时才能忆起。所以记忆是学生掌握数学知识，深化和运用数学知识的必要过程。因此，如何克服遗忘，以最科学省力的方法记忆数学知识，对开发学生智力、培养学生能力，有着重要的意义。

理解是记忆的前提和基础。尤其是数学，下面介绍几种在理解的前提下行之有效的记忆方法。

学好数学，要注重逻辑性训练，掌握正确的数学思维方法。在这里，主要有以下几种思维方法。

比较归类法

这种方法要求我们对于相互关联的概念，学会从不同的角度进行比较，找出它们之间的相同点和不同点。例如，平行四边形、长方形、正方形，它们都是四边形，但又各有特点。在做习题的过程中，还可以将习题分类归档，总结出解这一类问题的方法和规律，从而使得练习可以少量而高效。

举一反三法

平时注重课本中的例题，例题反映了对于知识掌握主要和最基本的要求。对例题分析和解答后，应注意发挥例题以点带面的功能，有意识地在例题的基础上进一步变化，可以尝试从条件不变问题变和问题不变条件变两个角度来变换例题，以达到举一反三的目的。

一题多解法

每一道数学题，都可以尝试运用多种解题方法，在平时做题的过程中，不应仅满足于掌握一种方法，应该多思考，寻找出一道题更多的解答方法。一题多解的方法有助于培养我们沿着不同的途径去思考问题的好习惯，由此可产生多种解题思路。同时，通过"一题多解"，我们还能找出新颖独特的"最佳解法"。

口诀记忆法

将数学知识编成押韵的顺口溜，既生动形象，又印象深刻不易遗忘。例如，圆的辅助线画法："圆的辅助线，规律记中间；弦与弦心距，亲密紧相连；两圆相切，公切线；两圆相交，公交弦；遇切点，作半径，圆与圆，心相连；遇直径，作直角，直角相对（共弦）点共圆。"又如，"线段和角"一章可编成：

四个性质五种角，还有余角和补角；
两点距离一点小，角平分线不放松；
两种比较与度量，角的换算不能忘；
角的概念两种分，三线特征顺着跟。

其中四个性质是直线基本性质、线段公理、补角性质和余角性质；五种角指平角、周角、直角、锐角和钝角；两点距离一点中，指两点间的距离和线段的中点；两种比较是线段和角的比较，三线是指直线、射线、线段。

联想记忆法

联想是把感受到的新事物与记忆中的事物联系起来，形成一种新的暂时的联系。主要有接近联想、对比联想、相似联想等。特别是对某些无意义的材料，通过人为的联想、用有意义的材料作为记忆的线索，效果十分明显。如用"山间一寺一壶酒……"来记忆圆周率"3.14159……"等。

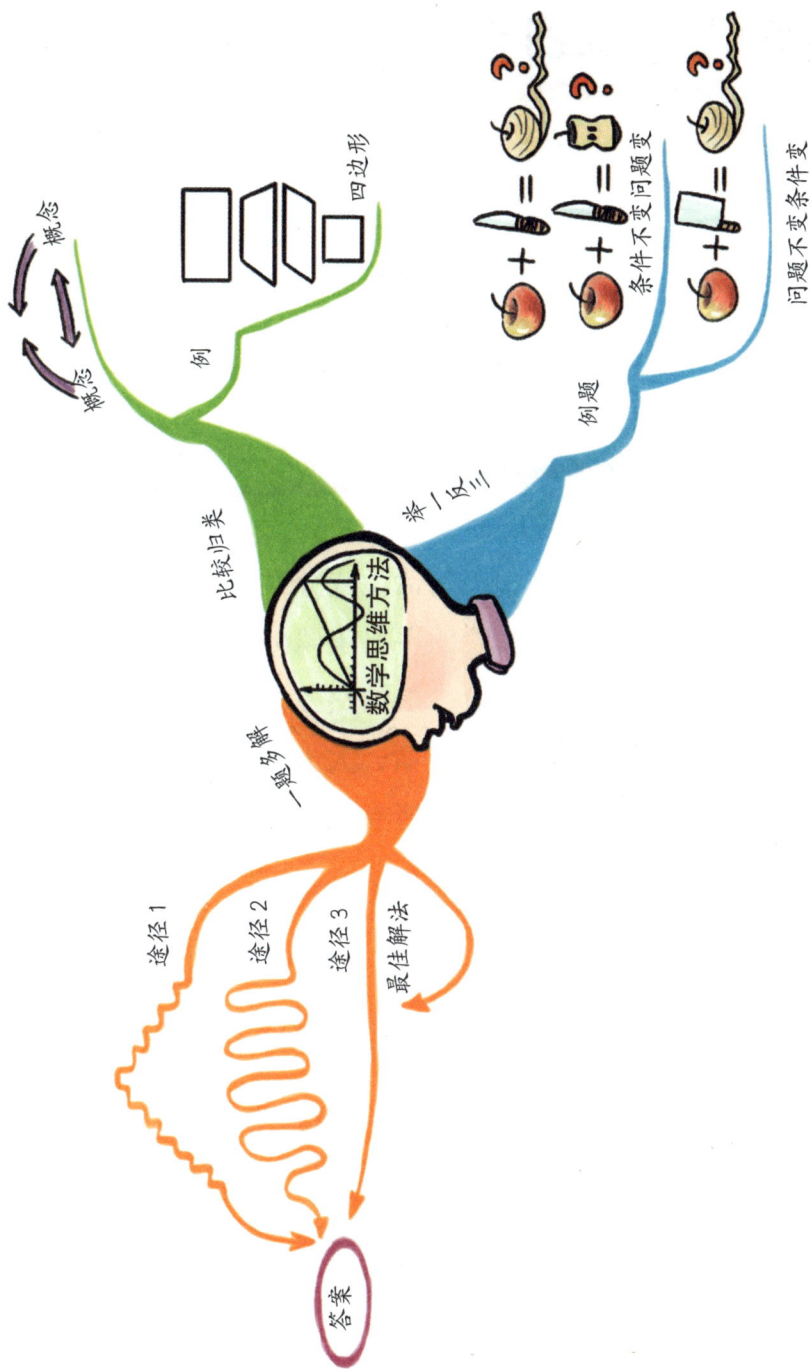

数学思维方法

比较归类
- 概念
  - 概念
- 例
  - 四边形

举一反三
- 例题
  - 条件不变问题变
  - 问题不变条件变

一题多解
- 途径 1
- 途径 2
- 途径 3
- 最佳解法

答案

第四节

化学：快速提分的记忆法宝

简化记忆法

化学需要记忆的内容多而复杂，同学们在处理时易东扯西拉，记不全面。克服它的有效方法是：先进行基本的理解，通过几个关键的字或词组成一句话，或分几个要点，或列表来简化记忆。这是记忆化学实验的主要步骤的有效方法。例如，用六个字组成："一点、二通、三加热"，这一句话概括氢气还原氧化铜的关键步骤及注意事项，大大简化了记忆量。在研究氧气化学性质时，同学们可把所有现象综合起来分析、归纳得出如下记忆要点。

（1）燃烧是否有火；

（2）燃烧的产物如何确定；

（3）所有燃烧实验均放热。

抓住这几点就大大简化了记忆量。氧气、氢气的实验室制法，同学们第一次接触，新奇但很陌生，不易掌握，可分如下几个步骤简化记忆。

（1）原理（用什么药品制取该气体）；

（2）装置；

（3）收集方法；

（4）如何鉴别。

如此记忆，既简单明了，又对以后学习其他气体制取有帮助。

趣味记忆法

为了分散难点，提高兴趣，要采用趣味记忆方法来记忆有关的化学知识。例如，氢气还原氧化铜实验操作要诀："氢气早出晚归，酒精灯迟到早退。前者颠倒要爆炸，后者颠倒要氧化。"

针对需要记忆的化学知识利用音韵编程，融知识性与趣味性于一体，读起来朗朗上口，易记易诵。如从细口瓶中向试管中倾倒液体的操作歌诀："掌向标签三指握，两口相对视线落。""三指握"是指持试管时用拇指、食指、中指握紧试管；"视线落"是指倾倒液体时要观察试管内的液体量，以防倾倒过多。

顺口溜记忆法

初中化学中有不少知识容量大、记忆难、又常用，但很适合编顺口溜方法来记忆。

例如，学习化合价与化学式的联系时可记为"一排顺序二标价、绝对价数来交叉，偶然角码要约简，写好式子要检查"。再如，刚开始学元素符号时可这样记忆：碳、氢、氧、氮、氯、硫、磷；钾、钙、钠、镁、铝、铁、锌；溴、碘、锰、钡、铜、硅、银；氦、氖、氩、氟、铂和金。记忆化合价也是同学们比较伤脑筋的问题，也可编这样的顺口溜：钾、钠、银、氢＋1价；钙、镁、钡、锌＋2价；氧、硫－2价；铝＋3价。

这样主要元素的化合价就记清楚了。

分类记忆法

对所学知识进行系统分类，抓住特征。例如，记各种酸的性质时，首先归类，记住酸的通性，加上常见的几种酸的特点，就能知道酸的化学性质。

对比记忆法

对新旧知识中具有相似性和对立性的有关知识进行比较，找出异同点。

联想记忆法

把性质相同、相近、相反的事物特征进行比较，记住它们之间的区别联系，再回忆时，只要想到一个，便可联想到其他。例如，记酸、碱、盐的溶解性规律，不要孤立地记忆，要扩大联想。

把一些化学实验或概念可以用联想的方法进行记忆。在学习化学过程中应抓住问题特征，如记忆氢气、碳、一氧化碳还原氧化铜的实验过程可用实验联想，对比联想；再如将单质与化合物两个概念放在一起来记忆："由同（不同）种元素组成的纯净物叫作单质（化合物）。"

关键词记忆法

这是记忆概念的有效方法之一，在理解基础上找出概念中几个关键字或词来记忆整个概念。例如，能改变其他物质的化学反应速度（一变）而本身的质量和化学性质在化学反应前后都不变（二不变），这一催化剂的内涵可用"一变二不变"几个关键字来记忆。

形象记忆法

借助于形象生动的比喻，把那些难记的概念形象化，用直观形象去记忆。如核外电子的排布规律是："能量低的电子通常在离核较近的地方出现的机会多，能量高的电子通常在离核较远的地方出现的机会多。"这个问题是比较抽象的，不是一下子就可以理解的。

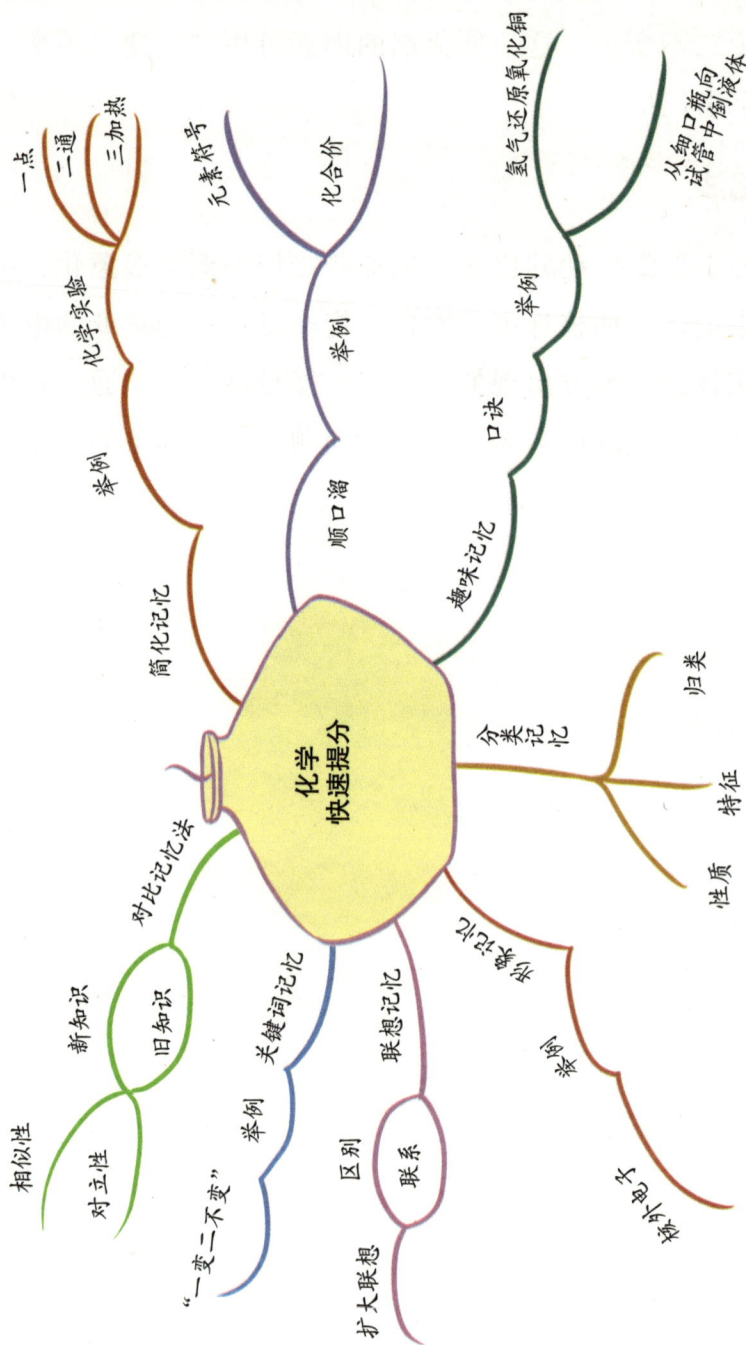

化学
快速提分

简化记忆
化学实验
一点
二通
三加热
举例

顺口溜
元素符号
化合价
举例

趣味记忆
口诀
举例
氢气还原氧化铜
从细口瓶向试管中倒液体

分类记忆
归类
特征
性质

笔记记忆
举例
添加电子

联想记忆
区别
联系
扩大联想

关键词记忆
举例
"一变二不变"

对比记忆法
新知识
旧知识
相似性
对立性

第五节
时政：记忆方法提高效率

谚语记忆法

谚语记忆法就是运用民间的谚语说明一个道理的记忆方法。

采用这种记忆方法的好处有如下几点。

（1）可激发自己的学习兴趣，促进学习的积极性，变厌学为爱学，变被动学习为主动学习。

（2）可拓宽自己的思路，提高自己思维的灵活性。

（3）能培养自己好的学习习惯，通过刻苦钻研，在学习过程中克服一个个难题。

采用这种记忆方法需要注意以下几点内容。

（1）谚语与原理联系要自然，千万不能生造谚语，勉强凑合。

（2）谚语所说明的原理要注意准确性，千万不能乱搭配，不然就会谬误流传。

（3）谚语应是大众所熟悉的，这样才能便于自己的记忆。

例如，"无风不起浪""城门失火，殃及池鱼"……说明事物之间是相互联系的，是唯物辩证法的联系观点。

自问自答法

自己扮演教师提问，自己又作为学生对所提问题进行回答的方法，称为自问自答法。

在学习过程中，对一些最基本的问题就可以用自问自答法进行。

问：商品的两个基本属性是什么？

答：是使用价值和价值。

问：货币的本质是什么？它的两个基本职能是什么？

答：货币的本质是一般等价物。价值尺度、流通手段是它的两个基本职能。

自问自答法不仅可以用于基本概念和基本原理的学习中，对于一些较复杂的知识的学习也可用此法进行，而且效果也很好。

举一反三法

在学习过程中，对某个问题进行重复学习以达到记忆目的的方法称为举一反三法。

举一反三的记忆方法并不是说对同一问题简单重复2~4次，而是指对同一类问题从不同的角度，反复进行学习、练习、讨论，这样才能使我们较牢固地掌握知识，思维也较开阔，才能学得活、学得好、记得牢。

如对商品这一概念的理解，我们运用举一反三法，真正掌握了任何商品都是劳动产品，但只有用于交换的劳动产品才是商品；商品的价值是凝结在商品中无差异的人类劳动，如1件衣服能和 3 斤大米交换，是因为它们的价值是相等的。千差万别的商品之所以能够交换，是因为它们都有价值，有价值的物品一定有使用价值……如此从多种角度反复进行，就能牢固地掌握商品的基本概念及与它相关的一些因素，使我们真正获得知识，吸取精华。

厘清层次法

要善于把所学习的基本概念和原理进行分析，找出每一个层次的主要意思，这样便于我们熟记。

例如，我们学习"法律"这一基本概念，用厘清层次法就较为科学。这个概念我们可以分解成几个部分。

（1）它是反映统治阶级的意志，维护统治阶级的根本利益的（法律不维护被统治阶级的利益）。

（2）由国家制定或认可的（没有这一点，就不能称其为法律）。

（3）用国家强制力的特殊的行为规则（国家通过法庭、监狱、军队来保证执行）。

采用这种厘清层次的方法，不仅便于熟记这一概念，而且也不易忘记。

规律记忆法

这种学习方法就是要我们在学习中，注意找到事物的规律，以帮助我们牢记。在基本原理的熟记中，这种学习方法可谓最佳方法。

例如，我们根据对立统一规律就能熟记：内因和外因、主要矛盾和次要矛盾、矛盾的主要方面和次要方面、矛盾的特殊性和普遍性、量变和质变、新事物和旧事物等都会在一定的条件下互相转化。

规律性记忆法能以最少的时间熟记最多的知识。在政治课的学习中，如果能把上面介绍的 5 种学习方法融会贯通，交替使用，无疑对提高学习效果是有积极意义的。

首尾印象记忆法

要特别留意学习过程的中间阶段，因为大脑更倾向于记忆事情的开头和结尾。

在简单实验中，这一自然倾向性是显而易见的。自己试一试。给朋友一个有 20 个化学名称的表单，让他去记尽可能多的词。随后当你提问时，留意忘却的词，看有多少是处在表单的中间位置。

将化学中应记忆的基础知识总结出来，写在笔记本上，使自己的记忆目标明确、条理清楚，便于及时复习。

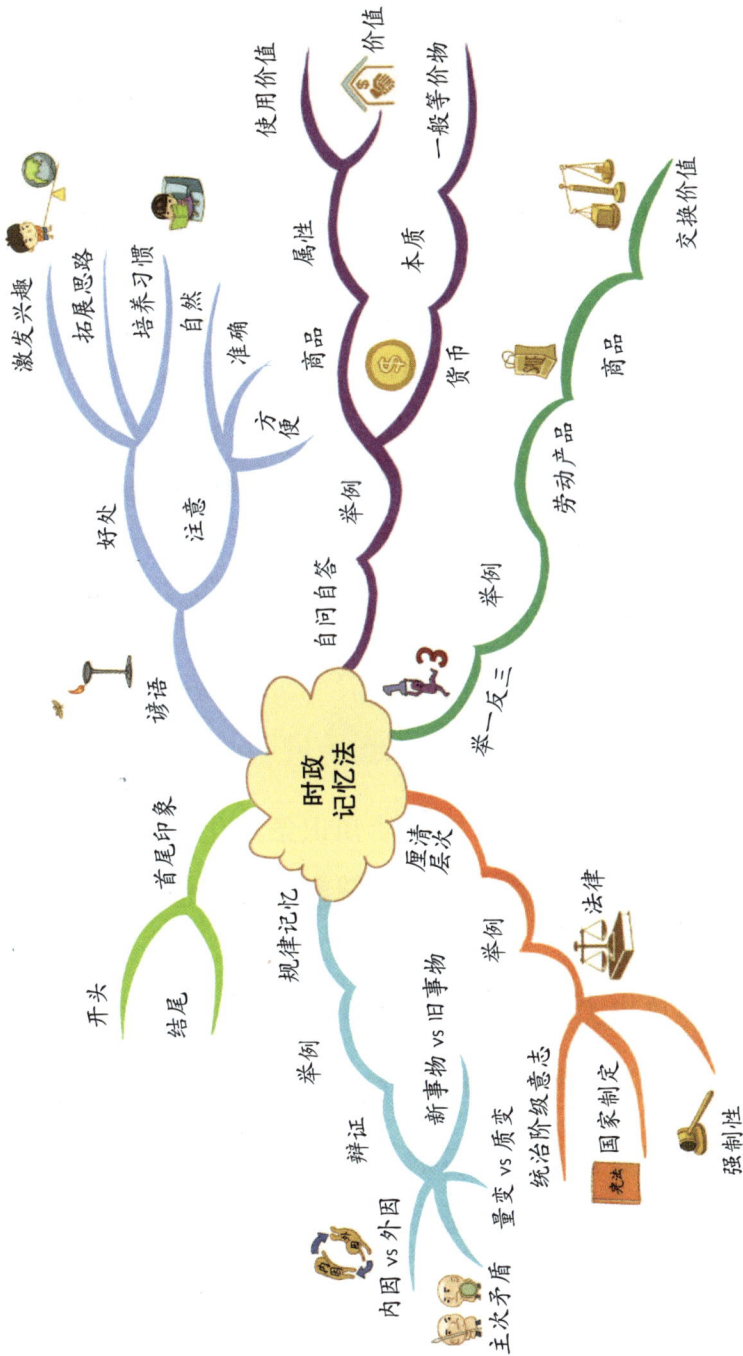

时政记忆法

自问自答
- 好处
  - 激发兴趣
  - 拓展思路
  - 培养习惯
- 注意
  - 自然
  - 准确
  - 方便

谚语
- 首尾印象
  - 开头
  - 结尾

规律记忆
- 举例
- 辩证
  - 新事物 vs 旧事物
  - 内因 vs 外因
  - 量变 vs 质变
  - 主次矛盾

举一反三
- 举例
  - 商品
    - 属性
      - 使用价值
      - 价值
    - 本质
      - 一般等价物
  - 货币
  - 劳动产品
    - 商品
      - 交换价值

厘清层次
- 举例
  - 法律
    - 统治阶级意志
    - 国家制定
      - 宪法
    - 强制性

135

第六节

历史：没有想象的那么难

很多同学会对历史课产生浓厚的兴趣，因为它的内容纵贯古今、横览中外，涉及经济、政治、军事、文化和科学技术等各个领域的发展和演变。但也由于历史内容繁杂，时间跨距大，记起来有一定的困难，所以很多人都有一种"爱上课，怕考试"的心理。这里介绍几种记忆历史知识的方法，以期帮助青少年克服这种困难，较快地掌握历史知识。

归类记忆法

采取归类记忆法记忆历史，使知识条理化、系统化，不仅便于记忆，而且还能培养自己的归纳能力。这种方法一般用于历史总复习效果最好。

我们可以按以下两种线索进行归类。

（1）按不同时间的同类事件归纳

比如，我国古代 8 项著名的水利工程、近代前期西方列强连续发动的 5 次大规模侵华战争、20 世纪 30 年代日本侵略中国制造的 5 次事变、新航路开辟过程中的 4 次重大远航、"二战"中同盟国首脑召开的 4 次国际会议等等。

（2）把同一时间的不同事件进行归纳

例如，1927年：上海工人第三次武装起义、"四·一二"反革命政变、李大钊被害、"马日事变""七·一五"反革命政变、"宁汉合流"、南昌起义、"八七"会议、秋收起义、井冈山革命根据地的建立、广州起义。

归类记忆法既有利于牢固记忆历史基础知识，又有利于加深理解历史发展的全貌和实质。

比较记忆法

历史上经常会发生很多性质相同的事件，如农民战争、政治改革、不平等条约等。这些事件有很多相似的地方，在记忆的时候，中学生很容易把它们互相混淆。

这时候采取比较记忆是最好的方法。比较可以明显地揭示出历史事件彼此之间的相同点和不同点，突出它们各自的特征，便于记忆。

但是，比较不能简单草率，要从各个方面、各个角度去细心进行，尤其重要的是要注意同中之异和异中之同。例如，中国的抗日战争期间，国共两党的抗战路线比较；郑和下西洋与新航路的开辟的比较；德、意统一的相同与不同的比较；对两次世界大战的起因、性质、规模、影响等进行比较；中国与西欧资本主义萌芽的对比；中国近代三次革命高潮的异同；等等。

用比较法记忆历史知识，既能牢固记忆，又能加深理解，一举两得。

歌谣记忆法

一些历史基础知识适合用歌谣记忆法记忆。例如，记忆中国工农红军长征路线："湘江、乌江到遵义，四渡赤水抛追敌，金沙彝区大渡河，雪山草地到吴起。"中国朝代歌："夏商西周继，春秋战国承；秦汉后新汉，三国西东晋；对峙南北朝，隋唐大一统；五代和十国，辽宋并夏金；元明清三朝，统一疆土定。"

应当注意的是，编写的歌谣，形式必须简短齐整，内容必须准确全面，语言力求生动活泼。

图表记忆法

图表记忆法的特点是借助图表加强记忆的直观效果，调动视觉功能去启发想象力，达到增强记忆的目的。

秦、唐、元、明、清的疆域四至，可画直角坐标系。又如隋朝大运河图示，太平天国革命运动过程图示，中国工农红军长征过程图示，等等。

巧用数字记忆法

历史年代久远，几乎每年都有不同的大事发生。如果要对历史有一个全面的了解，就必须记住年代。但历史年代本身枯燥乏味，难以记忆。有些历史年代，如封建王朝的起止年代，只能死记硬背。但也有些历史年代，可以采用一些好的方法。

（1）抓住年代本身的特征记忆

比如，蒙古灭金，1234 年，四个数字按自然数顺序排列。马克思诞生，1818 年，两个 18。

（2）抓重大事件间隔距离记忆

比如，第一次国内革命战争失败，1927 年；卢沟桥事变，1937 年；中国人民解放军转入反攻，1947 年。三者相隔都是 10 年。

（3）抓重大历史事件的因果关系记年代

比如，1917 年十月革命，革命制止战争，1918 年第一次世界大战结束；巴黎和会拒绝中国的正义要求，成为 1919 年五四运动的导火线；五四运动把新文化运动推向新阶段，传播马克思主义成为主流，1920 年共产主义小组出现；马克思主义同工人运动相结合，1921 年中国共产党诞生。

（4）概括为一二三四五来记

比如，隋朝的大运河的主要知识点：一条贯通南北的交通大动脉；用了 200 万人开凿，全长两千多公里；三点，中心点是洛阳、东北到涿郡、东南到余杭；四段是永济渠、通济渠、邗沟和江南河；连接五条河：海河、黄河、淮河、长江和钱塘江。

分时段记忆法

比如，"二战"后民族解放运动，分为三个时期，第一时期时间为 1945 年至 20 世纪 50 年代中，第二时期为 20 世纪 50 年代中至 20 世纪 60 年代末，第三时期为 20 世纪 70 年代初至现在。将其概括为三个数，即 10、15、20 多；因是"二战"后民族解放运动，记住"二战"结束于 1945 年，那么按 10、15、20 多三个数字一排，就可牢固记住每个时期的时间了。

规律记忆法

历史发展有其规律性。提示历史发展的规律，能帮助记忆。例如，重大历史事件，我们都可以从背景、经过、结果、影响等方面进行分析比较，找出规律。例如，资产阶级革命爆发的原因虽然很多，但其根源无非是腐朽的封建政权严重地阻碍了资本主义的发展。

荒谬记忆法

想法越奇特，记忆越深刻。例如，民主革命思想家陈天华有两部著作——《猛回头》《警世钟》，记法为一边想"一个叫陈天华的人猛回头撞响了警世钟，一边做转头动作，同时发出钟声响"。

历史知识记忆法

比较

同中求异 异中求同

举例
- 国共抗战路线
- 德意统一
- 两次世界大战
- 中国三次革命高潮

归类

不同时间 同一类事

举例
- 同一时间 不同事

举例
- 8 项水利工程
- 5 次侵华
- 4 次远航 · 一二
- 马日事变
- 七 · 一五 井冈山根据地
- 宁汉合流 八七会议
- 南昌起义
- 四 · 一二
- 1927 年

巧用数字

年代特征
- 蒙天金 1234 年
- 马克思 1818 年

时间间隔
- 国内革命 1927 年
- 七七事变 1937 年
- 解放战 1947 年
- 反 1937 年
- 共产主义小组 共产党
- 十月革命
- "一战" ,五四

因果关系
- 一二三四五
- 一条 三股 四渠 五河
- 百都 城市 人
- 万自然脉 田

加强记忆
- 图表动画
- 坐标系
- 视觉想象力

标题

举例
- 《警示钟》《猛回头》陈天华

分时段

举例
- 1945 至 20C 中
- 20C 中至 20C60S "二战" 后
- 20C70S 至今

歌谣

举例
- 朝代歌
- 长征歌谣

C 指世纪；
S 指年代。

141

第七节

物理：学好物理有妙招

物理记忆主要以理解为主，在理解的基础上我们在这里简单介绍几种物理记忆方法。

观察记忆法

物理是一门实验科学，物理实验具有生动直观的特点，通过物理实验可加深对物理概念的理解和记忆。例如，观察水的沸腾。

（1）观察水沸腾发生的部位和剧烈程度可以看到，沸腾时水中发生剧烈的汽化现象，形成大量的气泡，气泡上升、变大，到水面破裂开来，里面的水蒸气散发到空气中，就是说，沸腾是在液体内部和表面同时进行的剧烈的汽化现象。

（2）对比观察沸腾前后物理现象的区别。沸腾前，液体内部形成气泡并在上升过程中逐渐变小，以至于未到液面就消失了；沸腾时，气泡在上升过程中逐渐变大，达到液面破裂。

（3）通过对数据定量分析，可以得出沸腾条件：①沸腾只在一定的温度下发生，液体沸腾时的温度叫沸点；②液体沸腾需要吸热。以上两个条件缺一不可。

比较记忆法

把不同的物理概念、物理规律，特别是容易混淆的物理知识，进行对比分析，并把握住它们的异同点，从而进行记忆的方法叫作比较记忆法。例如，对蒸发和沸腾两个概念可以从发生部位、温度条件、剧烈程度、液化温度变化等方面进行对比记忆。又如，串联电路和并联电路，可以从电路图、特点、规律等方面进行记忆。

图示记忆法

物理知识并不是孤立的，而是有着必然的联系，用一些线段或有箭头的线段把物理概念、规律联系起来，建立知识间的联系点，这样形成的方框图具有简单、明了、形象的特点，可帮助对知识的理解和记忆。

浓缩记忆法

把一些物理概念、物理规律，根据其含义浓缩成简单的几个字，编成一个短语进行记忆。例如，记光的反射定律时，把涉及的点、线、面、角的物理名词编成"一点"（入射点）、"三线"（反射光线、入射光线、法线）、"一面"（反射光线、入射光线、法线在同一平面内）、"二角"（反射角、入射角）短语来加深记忆。

口诀记忆法

物体受力分析：施力不画画受力，重力弹力先分析，摩擦力方向要分清，多、漏、错、假须鉴别。

牛顿定律的适用步骤：画简图、定对象、明过程、分析力；选坐标、作投影、取分量、列方程；求结果、验单位、代数据、作答案。

三多记忆法

所谓"三多"，是指"多理解，多练习，多总结"。多理解就是紧紧抓住课前预习和课上听讲，要认真听懂；多练习，就是课后多做习题，真正掌握；多总结，就是在考试后归纳分析自己的错误、弱项，以便日后克服，真正弄清自己的优势和弱点，从而明白日后听课时应多理解什么地方，课下应多练习什么题目，形成良性循环。

实验记忆法

下面介绍一些行之有效的物理实验复习法。

（1）通过现场操作复习

把实验仪器放在实验桌上，根据实验原理、目的、要求进行现场操作。

（2）通过信息反馈复习

就那些在实验过程中发生、发现的问题进行共同讨论，及时纠错，达到复习巩固物理概念的目的。

（3）通过联系复习

在复习某一个实验时，可以把与之相关的其他实验联系起来复习。

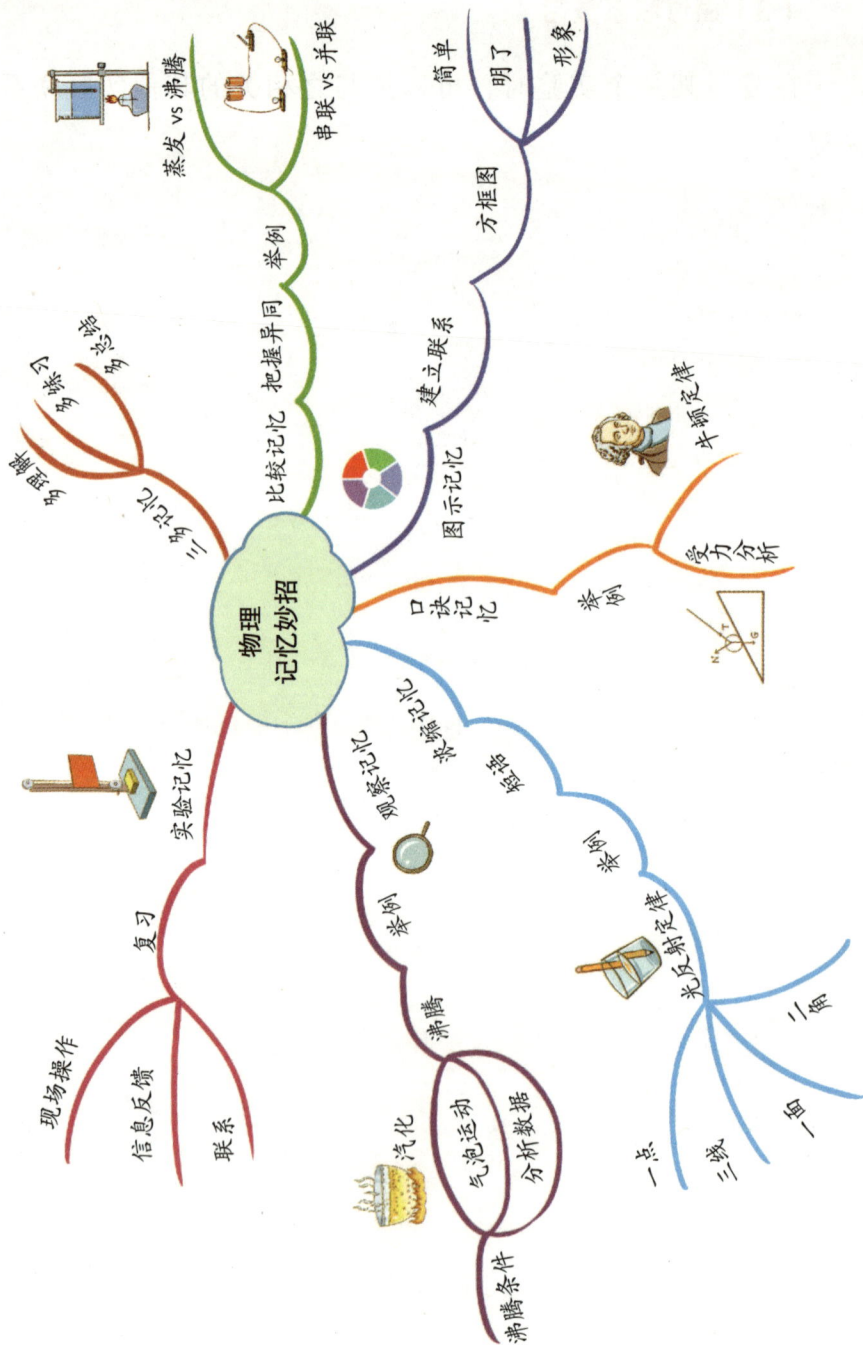

中心主题：物理 记忆妙招

- 比较记忆 — 把握异同 — 举例 — 蒸发 vs 沸腾 / 串联 vs 并联
- 图示记忆 — 建立联系 — 方框图 — 简单 / 明了 / 形象
- 口诀记忆 — 举例 — 牛顿定律 — 受力分析
- 浓缩记忆 — 俗语 — 举例 — 光反射定律 — 一点 / 三线 / 一面 / 三角
- 观察记忆 — 举例 — 沸腾 — 汽化 / 气泡活动 / 分析数据 / 沸腾条件
- 实验记忆 — 复习 — 现场操作 / 信息反馈 / 联系
- 记忆 — 时间 / 反馈 / 练习 / 场合

第八节
地理：会看图才能学好地理

几种行之有效的看图方法是很多学习高手总结出来的学习经验，对学习地理帮助很大。

形象记忆法

仔细观察中国地图，湖南就像一个人头像；山东就相当于一个鸡腿；黑龙江好像一只美丽的天鹅站在东北角上；青海省的轮廓则像一只兔子，西宁就好似它的眼睛。

把图片用生动的比喻联系起来就很容易记忆了。

地理知识的形象记忆是相对于语义记忆而言的，是指学生通过阅读地图和各类地理图表、观察地理模型和标本、参加地理实地考察和实验等途径所获得的地理形象的记忆。如学习"经线"和"纬线"这两个概念，学生观察经纬仪后，便能在头脑中形成经纬仪的表象，当需要时，头脑中的经纬仪表象便能浮现在眼前，以致将"经线"和"纬线"的概念正确地表述出来，这就是形象记忆。由于地理事物具有鲜明、生动的形象性，所

机器人图

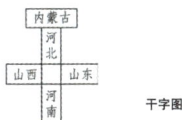

干字图

以形象记忆是地理记忆的重要方法之一。尤其当形象记忆与语义记忆有机结合时，记忆效果将成倍增加。

下面有一些更加形象的例子可以帮助你记忆它们。

镰刀图　　　　　手枪图　　　　　倒品字图　　　　　目字图

简化记忆法

简化记忆法实际上就是将课本上比较复杂的图片加以简化的一种方法。比如中国的铁路分布线路图看起来特别复杂，其实只要你用心去看，就能把图片分割成几个板块，以北京为中心可形成一个放射线状的图像。

直观读图法

适用于解释地理事物的空间分布，如中国山脉的走向，盆地、丘陵的分布情况等。

例如，我国煤炭资源分布，主要有山西、内蒙古、陕西、河南、山东、河北等，省区名称多，很难记。可以用图像记忆法读图，在图上找到山西省，明确山西省是我国煤炭资源最丰富的省，再结合我国煤炭资源分布图，找出分布规律——它们以山西省为中心，按逆时针方向旋转一周，即可记住这些省区的名称，陕西以北是内蒙古，以西是陕西，以南是河南，以东是山东和河北。接着，在图上掌握我国煤炭资源还分布在安徽和江苏省北部，以及边远省区的新疆、贵州、云南、黑龙江。

纵向联系法

学习地理也和其他知识一样，有一个循序渐进、由浅入深的过程。例如，中国气候特点之一的"气候复杂多样"，就联系"中国地形图""中国干湿地区分布"以及"中国温度带的划分"等图形，然后才能得出自己的结论。

除此之外，还有几种值得学生尝试的记忆方法。

口诀记忆法

例1：地球特点：赤道略略鼓，两极稍稍扁。自西向东转，时间始变迁。南北为纬线，相对成等圈。东西为经线，独成平行圈；赤道为最长，两极化为点。

例2：气温分布规律：气温分布有差异，低纬高来高纬低；陆地海洋不一样，夏陆温高海温低，地势高低也影响，每千米相差6℃。

分解记忆法

分解记忆法就是把繁杂的地理事物进行分类，分解成不同的部分，便于逐个"歼灭"的一种记忆方法。例如，要记住人口超过1亿的10个国家：中国、印度、美国、印度尼西亚、巴西、俄罗斯、日本、孟加拉国、尼日利亚和巴基斯坦，单纯死记硬背很难记住，且容易忘记。采用分解记忆法较易掌握，即在熟读这10个国家的基础上分洲分区来记：掌握北美、南美、欧洲、非洲有一个，分别是美国、巴西、俄罗斯、尼日利亚。其余6个国家是亚洲的。亚洲的又可分为3个地区，属东亚的是中国、日本；属东南亚的有印度尼西亚；属南亚的有印度、孟加拉国、巴基斯坦。

表格记忆法

就是把内容容易混淆的相关地理知识，通过列表进行对比而加深理解记忆的一种方法。它用精练醒目的文字，把冗长的文字叙述简化，使条理清晰，能对比掌握有关地理知识。例如，世界三次工业技术革命，可通过列表比较它们的年代，主要标志、主要工业部门和主要工业中心，重点突出，一目了然。这种方法有利于提高学生的概括能力，开拓学生的求异思维，强化应变能力，提高理解记忆。

归纳记忆法

就是通过对地理知识的分类和整理，把知识联系在一起，形成知识结构，以便记忆的方法。它使分散的趋于集中，零碎的组成系统，杂乱无章的变得有条不紊。例如，要记住我国的土地资源、生物资源、矿产资源的特点，可归纳它们的共同之处是类型多样，分布不均，再记住它们不同的特点，就可以把特点全掌握了。

荒谬记忆法

　　荒谬记忆法指利用一些离奇古怪的联想方法，把零散的地理知识串到一块在大脑中形成一连串物象的记忆方法。通过奇特联想，能增强知识对我们的吸引力和刺激性，从而使需要记忆的内容深刻地烙在脑海中。例如，柴达木盆地中有矿区和铁路，记忆时可编成"冷湖向东把鱼打（卡），打柴（大柴旦）南去锡山（锡铁山）下，挥汗（察尔汗）砍得格尔木，火车运送到茶卡"。总之，地理记忆的方法多种多样，根据不同的地理知识采取不同的记忆方法就可以达到记而不忘、事半功倍的效果。

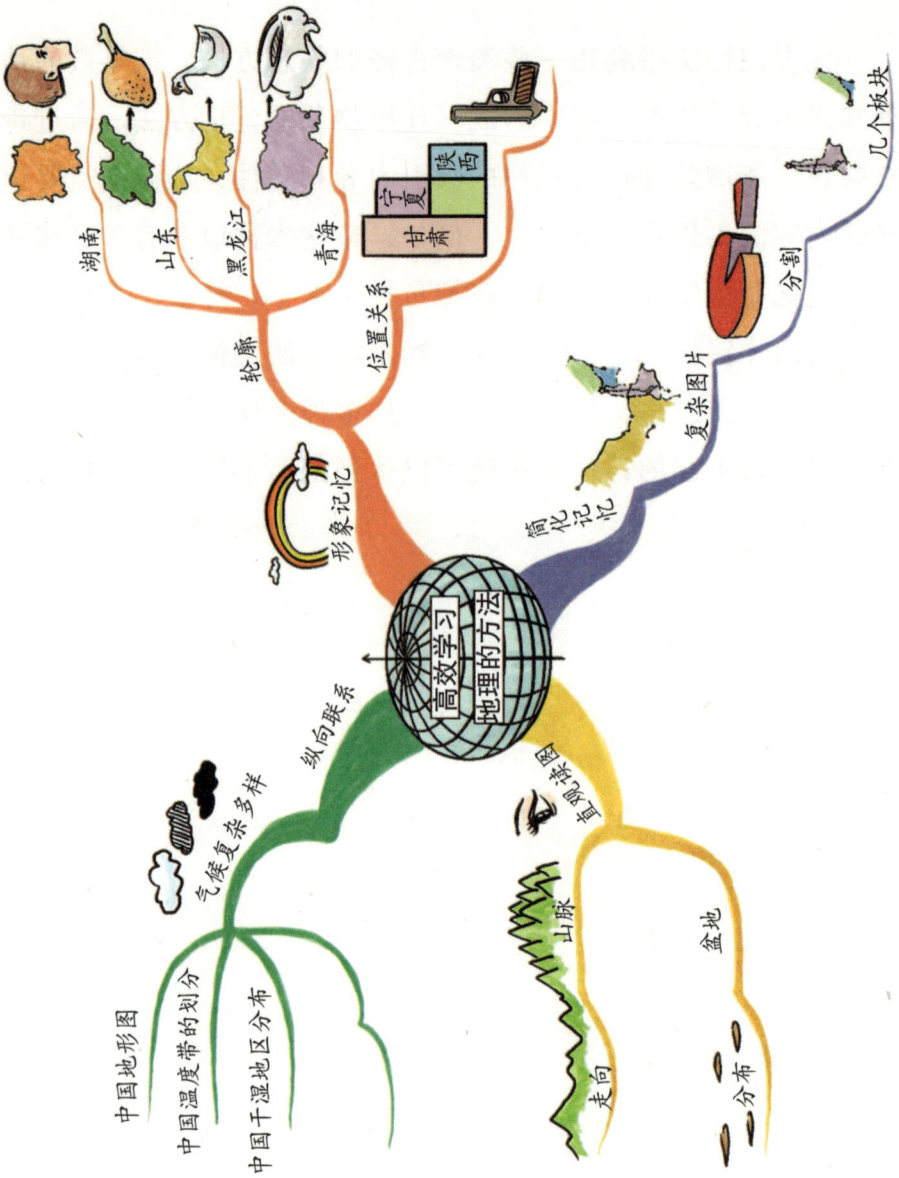